·北京·

Illustrator

服装设计表现

陈良雨
——
著

化学工业出版社
·北京·

本书结合作者多年的服装设计和教学经验，介绍了 Illustrator 软件在服装设计领域中的具体应用方法和技巧，作者将大量设计工作和教学中的案例进行梳理解析，便于读者举一反三地学习和实践。扫描封底的二维码，可下载本书所有案例的 AI 格式素材包，为读者提供全面、深入、直观的学习参考资料。全书内容围绕服装设计元素绘制表现展开，分为 Illustrator 软件基础、Illustrator 服装款式表现、Illustrator 服装面料表现、Illustrator 服装配件表现、Illustrator 服装人像表现、Illustrator 服装效果图表现，共六章内容。

　　本书既可以作为服装设计师、服装设计助理、时尚插画师及服装设计爱好者等的学习和参考用书，又可作为高等院校服装设计专业学生的教材。

图书在版编目（CIP）数据

Illustrator 服装设计表现/陈良雨著. —北京：化学工业出版社，2019.3 （2023.1重印）
ISBN 978-7-122-33708-5

Ⅰ. ①I… Ⅱ. ①陈… Ⅲ. ①服装设计-计算机辅助设计-图象处理软件 Ⅳ. ①TS941.2

中国版本图书馆CIP数据核字（2019）第007486号

责任编辑：李彦芳　　　　　　　　　　　　　　装帧设计：溢思视觉设计　E-mail: isstudio@126.com
责任校对：边　涛

出版发行：化学工业出版社（北京市东城区青年湖南街 13 号　邮政编码 100011）
印　　装：北京缤索印刷有限公司
889mm×1194mm　1/16　印张7½　字数 177 千字　2023 年 1 月北京第 1 版第 4 次印刷

购书咨询：010-64518888　售后服务：010-64518899
网　　址：http://www.cip.com.cn
凡购买本书，如有缺损质量问题，本社销售中心负责调换。

定　　价：49. 80 元

前 言
PREFACE

　　随着信息化时代的全面到来，服装设计也正在全面走向设计信息化，采用计算机软件进行服装设计表现是服装设计师必备的专业素质。

　　在现今服装设计绘制的应用软件中，主要有Photoshop、Illustrator、CorelDRAW以及一些服装CAD公司开发的软件。其中Photoshop为位图软件，结合各种笔触效果，非常适合用于手绘风格的服装效果表现；Illustrator、CorelDRAW为矢量图软件，更适合用于以线描为主要表现形式的、要求更为严谨的服装款式设计等的表现，因其绘制更为严谨与准确，所以在服装公司用于指导生产的服装设计图基本上都以矢量图软件绘制为主。

　　本书采用的矢量图软件Illustrator与Photoshop都属于Adobe公司。Illustrator与PS具有更为便捷的兼容性。Illustrator各版本之间的融合性更强，Illustrator的使用人群更广，且仍在增加，Adobe软件的色彩显示更为统一等特性，使得Illustrator在服装设计中的应用领域越来越广泛。相对于市场上较为成熟的CorelDRAW服装设计绘制的图书来说，Illustrator服装设计方面的图书相对较少，而年轻的专业设计师们会越来越习惯使用Adobe旗下的设计软件，所以本书具有较强的实用性和针对性。

　　本书内容全面、系统，包括服装设计的款式、面料、配件、人像、效果图等所有元素的绘制表现技法，书中所用到的表现技法，均为笔者多年使用Illustrator软件进行服装设计的专业实践和教学经验的总结。章节设计根据内容的难易水平递进，使读者能够循序渐进地掌握Illustrator软件的基础操作以及在服装设计各个元素中的表现技法。另外，读者还可以通过扫描封底上的二维码，下载本书所有案例的AI格式素材包，以方便读者们对案例进行深入解析和更为直观的学习参考。

学无止境，Illustrator作为一个功能强大、应用丰富的绘图软件，本书相关的软件应用可以说是Illustrator软件功能的冰山一角，还有更多软件功能、更好的表现技法等待我们去开发，希望本书对于Illustrator软件在服装设计中的应用能起到抛砖引玉的作用，读者在今后能开发出更多、更实用、更方便的功能，进而应用在服装设计中。

由于笔者水平有限，书中难免存在不足和纰漏之处，还望行业专家与读者们批评指正。

陈良雨

2018年10月于北京

ILLUSTRATOI

目 录

第一章

Illustrator 软件基础

第一节　Illustrator软件简介

Illustrator（AI），是Adobe公司推出的基于矢量的图形制作软件。自1987年面世以来，已经发展为矢量插图和矢量设计的业界标杆，广泛应用于印刷出版、专业插画、多媒体图像处理和互联网页面的制作等，也可以为线稿提供较高的精度和控制，适合生产任何小型到大型设计的复杂项目。Illustrator的稳定性非常高，可以无缝地在Adobe系列软件中切换，由于与行业领先的Adobe Photoshop、InDesign、After Effects、Acrobat等软件产品的紧密结合，使得设计项目能从设计到打印或数字输出得以顺利地完成。

Illustrator软件借助精准的形状构建工具、流体和绘图画笔以及高级路径控件，运用强大的性能系统所提供的各种形状、颜色、复杂的效果和丰富的排版，能帮助设计师自由地尝试各种创意，准确传达设计者的创作理念，非常适合应用于服装设计效果图的绘制。

Adobe Illustrator目前最高版本为CC2018，界面设计沿用CS6的浅灰色，学习本书时采用CS6、CC2016、CC2017、CC2018各版本皆可。

第二节　Illustrator软件工作界面

Adobe Illustrator软件安装完成后，执行"常用软件-Illustrator"命令或者双击桌面的快捷图标，即可进入Illustrator的工作界面（图1-1）。工作界面主要包括菜单栏、控制栏、工具箱、面板、编辑区等。

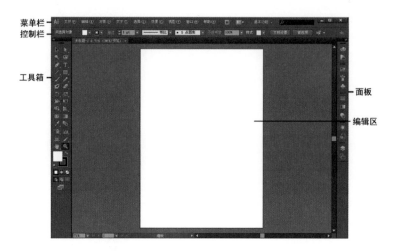

图1-1　Illustrator工作界面

一、菜单栏

Illustrator软件的大部分命令都放置在菜单栏里，软件主要功能都可以通过执行菜单栏中的命令来完成。在菜单栏中包括文件、编辑、对象、文字、选择、效果、视图、窗口、帮助9个功能菜单（图1-2）。

图1-2　菜单栏

二、控制栏

控制栏在无文档操作时为空白状态，当编辑区有文档时，在控制栏区会显示所选择文档的相关属性，并能对相关属性数据进行设置，使所选择的对象产生相应的变化（图1-3）。

图1-3　控制栏

三、工具箱

工具箱为放置经常使用的编辑工具，并将近似的工具以展开的方式归为工具组，我们在进行图形绘制时所用到的大部分工具都可在工具箱中选择（图1-4）。

四、面板

面板包括多个子面板，单击面板上方的小三角，能将面板展开，显示出各种面板的控制区，能进行色彩、描边等多种功能的编辑（图1-5）。

图1-4　工具箱

图1-5　面板

第三节　Illustrator软件基本操作

一、文件的管理

1.新建文件

在运行软件后，执行菜单栏中的"文件-新建"命令，即可弹出"新建文档"的对话框（图1-6）。在新建文档对话框中，设置新建文档的各个属性，点击确定。

2.打开已有文件

在运行软件后，执行菜单栏中的"文件-打开"命令，即可弹出"打开"对话框（图1-7）。在下方的"文件类型"内可以选择所需文件类型，以缩小查找范围，找到所需文档后，点击"打开"即可打开所需文件。

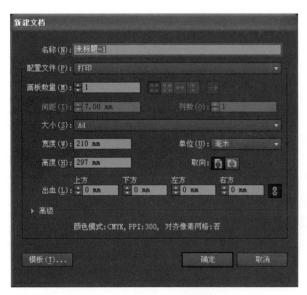

图1-6　"新建文档"对话框　　　　　　　　　　　图1-7　"打开"对话框

3.存储文件

需要将制作完成或制作过程中的文件进行存储，执行菜单栏中"文件-存储"或者"文件-存储为"命令，随即弹出"存储为"对话框（图1-8）。注意选择保存类型为Adobe Illustrator(*AI)，最后点击"保存"。

4.导出文件

需要将制作完成或制作过程中的文件导出为其他类型的文件，执行菜单栏中的"文件-导出"命令，随即弹出"导出"对话框（图1-9），选择保存类型后点击"保存"。

图1-8 "存储为"对话框 图1-9 "导出"对话框

二、辅助工具设置

1. 标尺

执行菜单栏中的"视图-标尺-显示标尺"命令，可在编辑区的左、上方显示出标尺，标尺便于在编辑区绘制图形时，随时精确地调整和把握对象的位置和大小，还可以根据情况调整标尺的原点。

2. 辅助线

辅助线可以从标尺位置随意拖曳到页面中的任何位置，可精确设置位置，方便对象的准确定位。可以执行菜单栏中的"视图-参考线"命令，对参考线进行隐藏、锁定、释放、清除等操作（图1-10）。

3.网格

网格是分布在页面中有规律、等距的参考点或者线，利用网格可以将图像精确地调整到需要的位置或者精确地把握图像的大小。

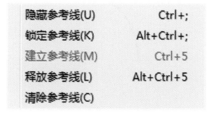

图1-10 辅助线命令

三、绘制直线和曲线

1.直线绘制

选择工具箱中的【直线段工具】 ，在编辑区内按住鼠标左键不放拖动鼠标则绘制出一直线（图1-11）。如按住"Shift"键的同时，拖动鼠标，就能绘制出水平直线、垂直直线和45度的斜线（图1-12）。在绘制之前，在编辑区空白处单击鼠标弹出"直线段工具选项"对话框（图1-13），在对话框内能对直线段的长度和角度进行设置。另外，选择直线段工具后，可在控制栏中对直线段的颜色和粗细进行设置（图1-14）。

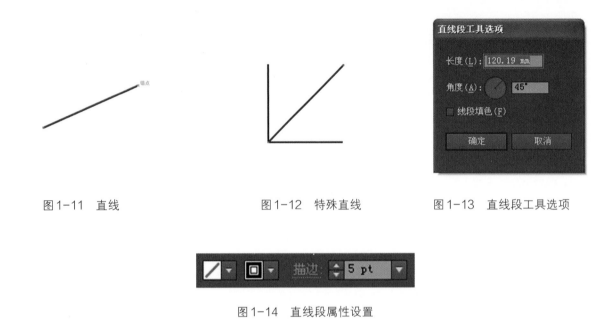

图1-11　直线　　　　　　　　图1-12　特殊直线　　　　　　图1-13　直线段工具选项

图1-14　直线段属性设置

2.曲线绘制

将鼠标移至工具箱中的【直线段工具】 ，并长按鼠标左键，弹出工具组，选择【弧形工具】 （图1-15）。在编辑区内按住鼠标左键不放，拖动鼠标到合适的地方松开鼠标，绘制出一弧线（图1-16）。绘制弧线之前，在编辑区的空白处单击鼠标会弹出弧线段工具选项对话框（图1-17），对里面的属性进行设置，能对弧线段的形状进行控制。

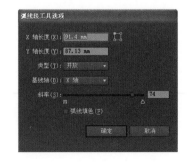

图1-15　弧形工具的调出　　　　图1-16　弧线　　　　　图1-17　弧线段工具选项

四、绘制矩形和椭圆

1.矩形绘制

选择工具箱中的【矩形工具】，在编辑区内按住鼠标左键不放拖动鼠标绘制出一个矩形（图1-18）。如按住"Shift"键的同时，拖动鼠标，则能绘制出正方形（图1-19）。在绘制之前，在编辑区空白处单击鼠标弹出"矩形"对话框，在对话框内能对矩形高度和宽度的数值进行设置（图1-20）。

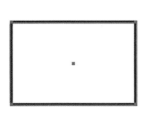
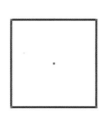

图1-18　矩形　　　　　　　　图1-19　正方形　　　　　　　图1-20　"矩形"对话框

2.椭圆绘制

选择工具箱中的【椭圆工具】，在编辑区内按住鼠标左键不放，拖动鼠标，绘制出一椭圆（图1-21）。如按住"Shift"键的同时，拖动鼠标，则能绘制出正圆（图1-22）。在绘制之前，在编辑区空白处单击鼠标弹出"椭圆"对话框，在对话框内能对椭圆的高度和宽度数值进行设置（图1-23）。

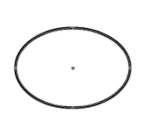
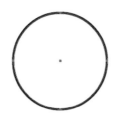

图1-21　椭圆　　　　　　　　图1-22　正圆　　　　　　　　图1-23　"椭圆"对话框

五、钢笔工具

钢笔工具能绘制直线、曲线和复杂图形。熟练掌握钢笔工具，能绘制出任何图形，钢笔工具是服装款式图绘制时最常用的工具，必须熟练掌握。

1.直线绘制

选择工具箱中的【钢笔工具】，在编辑区内单击鼠标左键，释放鼠标，移动鼠标到另一位置并单击鼠标，可绘制出一直线，以此类推，得到如图1-24所示的折线。

2.曲线绘制

选择工具箱中的【钢笔工具】🖋，在编辑区内单击鼠标左键后释放鼠标，将鼠标移到另一位置时按住鼠标左键不放并拖动鼠标，则绘制出一曲线（图1-25）。选择【直接选择工具】🔺，将鼠标移至锚点和手柄上拖动，可对曲线形状进行调整。

图1-24　钢笔直线绘制　　　　　　　　图1-25　钢笔曲线绘制

3.曲线与直线相连线绘制

选择工具箱中的【钢笔工具】🖋，先绘制出直线与曲线相连线段（图1-26）。然后释放鼠标，再用鼠标单击曲线末端的锚点，再次释放鼠标后移动鼠标到另一位置单击鼠标，则得到曲线与直线相连的线段（图1-27）。

图1-26　直线与曲线相连线段　　　　　图1-27　曲线与直线相连的线段

4.复杂曲线绘制

通过较为复杂曲线的绘制，能熟练掌握钢笔工具的应用，为服装款式绘制打下基础。

选择工具箱中的【钢笔工具】🖋，在控制栏将属性进行设置（图1-28），按照前面的直线与曲线绘制方法，绘制出基本曲线（图1-29）。

图1-28　钢笔工具属性设置

图 1-29　基本曲线绘制

　　在工具箱中，将鼠标移至【钢笔工具】处，长按鼠标左键，弹出下拉工具组，选择【添加锚点工具】（图 1-30），在绘制的曲线路径上选择一个合适位置，单击鼠标左键添加新的锚点（图 1-31），用于调整曲线路径形状。然后在工具箱中选择【直接选择工具】，将鼠标移动至路径的锚点与手柄处进行曲线路径形状的微调（图 1-32），最终完成复杂曲线的绘制（图 1-33）。

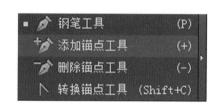

图 1-30　添加锚点工具　　　　　　　　　　图 1-31　添加锚点

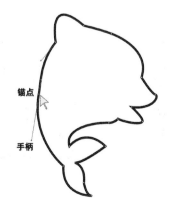

图 1-32　路径形状调整　　　　　　　　　　图 1-33　复杂曲线效果

六、填充与描边

1.颜色填充

用工具箱中的【选择工具】![选择工具图标]选择路径闭合的对象，在工具箱中双击【填色】按钮![填色按钮]，弹出拾色器（图1-34），选择所需颜色即可进行颜色填充。也可在控制栏中选择色彩下拉按钮![色彩下拉按钮]，在弹出面板中进行填充颜色的选择。

图1-34　拾色器

2.图案填充

执行菜单栏中的"文件-置入"命令，在弹出的窗口中选择需要填充的图片，置入编辑区内（图1-35），再单击控制栏中的【嵌入】按钮![嵌入按钮]，这样填充的图片会永久保留，不会因保存路径改变或图片删除而导致填充的图片无法显示。

打开色板面板，将图片拖到面板中，即新建了图案，可以删除编辑区中的图片。用工具箱中的【选择工具】![选择工具图标]选择需进行面料填充的对象后，再单击面板中新建的图案，即完成了所需图案的填充（图1-36）。

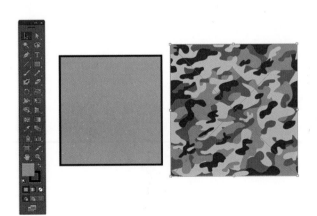

图1-35　置入图案

图1-36　图案填充

3. 渐变填充

用工具箱中的【选择工具】选择需要进行渐变填充的方框对象后，双击工具箱中的【渐变工具】，弹出渐变面板，在类型中可选线性和径向两种，双击面板中的渐变滑块，弹出色板，可对渐变颜色进行设置。图1-37为线性渐变，图1-38为径向渐变。

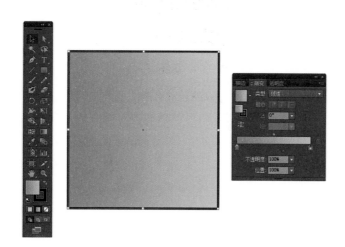

图1-37　线性渐变

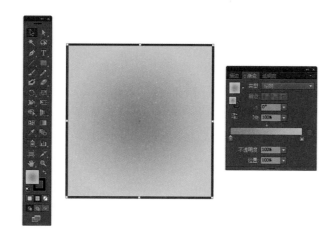

图1-38　径向渐变

4. 基本描边设置

用工具箱中的【选择工具】选择一对象，在工具箱中双击【描边】按钮，弹出拾色器，即可设置对象的描边色。也可在控制栏中选择描边下拉按钮，在弹出面板中进行描边颜色的选择。

5. 特殊描边设置

如果想获得特殊描边形状，如类似手绘描边，可用控制栏中的【变量宽度配置文件】进行设置，以获得不同的笔触描边效果（图1-39）。

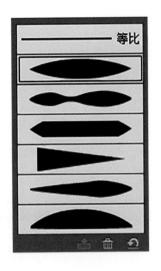

图1-39　变量宽度配置文件

七、选择、缩放与移动

1.选择

选择工具箱中的【选择工具】▶，可以对单个或多个对象进行选择。选择单个对象时，直接在对象上单击鼠标左键即可。选择多个对象时，可以按住鼠标左键不放，框选多个对象，或者按住"Shift"键的同时，鼠标依次点击需要选择的多个对象（图1-40）。

2.缩放

选择工具箱中的【选择工具】▶，选择需要进行缩放的对象，将鼠标移至需要进行缩放方向的路径上（图1-41），按住鼠标不动，拖动鼠标即可将对象进行缩放，如果按住"Shift"的同时拖动鼠标，可以等比例缩放对象。

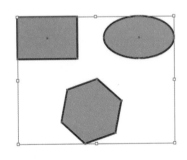

图1-40　选择多个对象

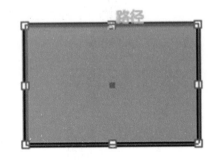

图1-41　缩放对象

3.移动

选择工具箱中的【选择工具】▶，选择需要进行移动的对象，将鼠标移至需要移动的对象上，鼠标符号变为▶，即可按住鼠标左键不放，移动对象到所需位置。

八、复制、粘贴与编组

1.复制、粘贴

选择工具箱中的【选择工具】▶，选择需要进行复制的对象，执行菜单栏中的"编辑-复制"命令，然后再执行菜单栏中的"编辑-粘贴"命令，即可将对象进行复制。或者连续执行快捷键"Ctrl+C"与"Ctrl+V"也可完成对象的复制、粘贴。

2.编组

编组能将多个对象群组在一个组中，便于进行统一操作。用工具箱中的【选择工具】▶将需要编组的多个对象同时选择后，单击鼠标右键，弹出命令选项（图1-42），选择其中的"编组"，即可将多个对象群组在一个组中。

九、图层操作

在绘制过程中，通过对Illustrator图层的新建、复制、移动、隐藏、锁定等操作，能非常方便地对图形进行绘制和管理。在进行时装效果图绘制过程中，建议按照人体、服装款式、面料填充、细节表现等新建各自图层，以方便图形绘制和管理（图1-43）。图层具体操作如下。

单击图层面板下面的【创建新图层】按钮 🔲，能新建空白图层。将面板中的已有图层用鼠标拖到【创建新图层】按钮 🔲 上，可复制已有图层。用鼠标左键单击面板中已有的图层，再单击面板下面的【删除所选图层】按钮 🗑，可删除图层。在面板上拖动已有图层，可调整图层的叠放顺序。另外，单击面板中的【切换可视性】按钮 👁，可对图层进行隐藏和显示操作，单击面板中的【切换锁定】按钮 🔒，可对图层进行锁定和解锁工作，双击图层中的文字部分，可对每个图层进行命名。

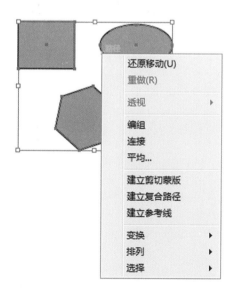

图1-42　多对象编组

图1-43　图层编辑

Illustrator 服装款式表现

第二章

服装款式多种多样，根据服装类别分类，服装款式可分为半截裙、裤装、T恤、衬衫、西装、夹克、大衣、礼服裙、棉服与羽绒服等，本章选取具有代表性的款式来讲解其绘制方式。

第一节　半截裙款式

　　半截裙是女下装中较为常见的款式，结构简单，穿着方便，多应用于职业女装和春夏服装中（图2-1）。

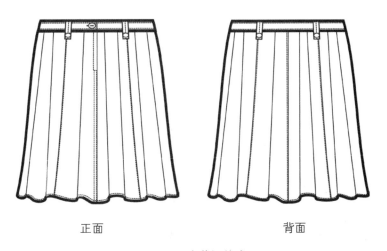

正面　　　　　　　　　　　背面

图2-1　半截裙款式

一、图纸设置

　　进入Illustrator的工作界面，在菜单栏中，执行"文件 – 新建"命令，即打开"新建文档"对话框（图2-2）。在对话框中进行图纸设置。可对图纸的名称、大小、单位等进行设置。如图纸大小可选择A4，单位为毫米，取向为竖向等。

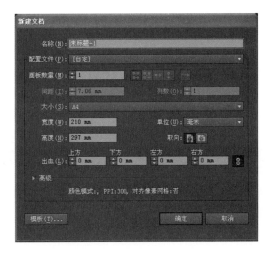

图2-2　"新建文档"对话框

二、辅助线设置

为了绘图的精确和方便，需要在编辑区设置原点和辅助线。先执行菜单栏中"视图 – 标尺 – 显示标尺"，在编辑区的上方和左方边缘即显示出标尺。

编辑区原始的坐标原点默认在左上角，若想将原点设置在编辑区的中央，可采用将鼠标移至编辑区的左上角（图2-3），按住鼠标左键不放并向右或向下拖动鼠标，即可将原点位置进行重新设置。采用此种方法，在进行服装款式绘制时，可将原点位置设置在编辑区上方。

将鼠标移至边缘标尺处，按住鼠标左键不放，向编辑区拖动鼠标即可移出辅助线。按照1：5的比例，依据半截裙关键数据，如腰宽32cm、臀宽45cm、裙长50cm、腰带宽4cm等数据进行辅助线的设置（图2-4）。

后面款式绘制的内容中关于原点与辅助线的设置方法相同，将不再对原点与辅助线的设置赘述。

编辑区左上角 ▬

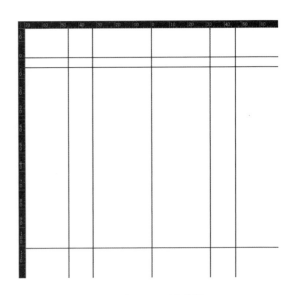

图2-3 坐标原点重置 　　　　　　　　　　图2-4 辅助线

三、半截裙廓形绘制

选择工具箱中的【钢笔工具】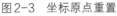，在控制栏里，设置描边粗细为4pt，描边色为黑色（图2-5），参照辅助线绘制出裙腰与裙身廓形（图2-6）。

图2-5 描边设置

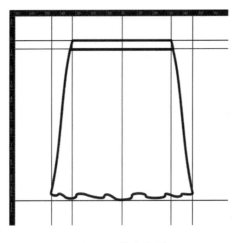

图2-6　基本廓形

四、半截裙细节绘制

　　选择工具箱中的【钢笔工具】 ，在控制栏里，设置描边粗细为1pt，描边色为黑色（图2-7），绘制裙身的褶皱以及腰襻（图2-8）。

　　用【钢笔工具】 ，设置描边相关数值，描边粗细为1pt，虚线为2pt，间隙为1pt（图2-9）。进行车缝辑线的绘制，最后再用【椭圆工具】 绘制纽扣（图2-10）。

图2-7　裙身线描边设置

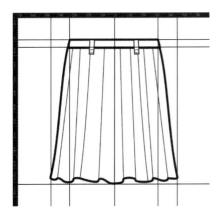

图2-8　裙身细节

图2-9　车缝线描边设置

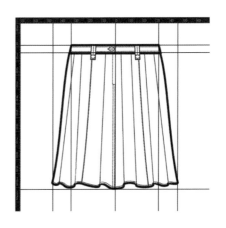

图2-10　车缝辑线绘制

五、后片绘制

　　在半截裙前片的基础上，选择【选择工具】 ，框选住前门襟线、纽扣等细节，然后按"Delete"键删除，得到半截裙后片效果（图2-11）。

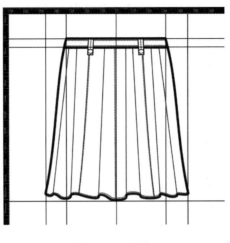

图2-11　后片

六、其他半截裙款式案例

其他半截裙款式优秀案例见图2-12。

图2-12　其他半截裙款式

第二节　裤装款式

裤装为女性重要下装，裤装以其严谨干练、穿着便利的造型多应用在职业女装、休闲女装中，本节裤装款式最终效果如图2-13所示。

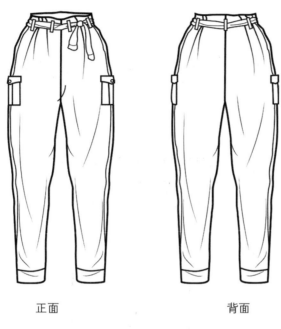

正面　　　　　　　　　背面

图2-13　裤装款式

一、辅助线设置

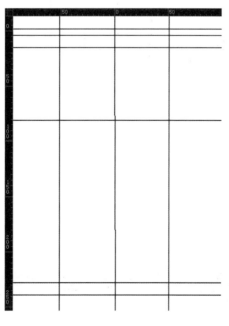

图2-14　辅助线

依据裤装相关数据，在编辑区按照1：5的比例，进行辅助线的设置，单位为cm（图2-14）。

二、裤装廓形绘制

选择工具箱中的【钢笔工具】，在控制栏里，设置描边粗细为4pt，描边色为黑色（图2-15），参照辅助线绘制裤装基本轮廓，再选择工具箱中的【直接选择工具】，调整锚点以及手柄，绘制出裤装廓形（图2-16）。

图2-15 裤子描边设置

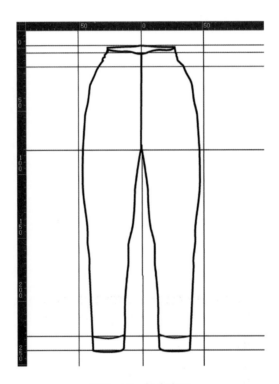

图2-16 基本廓形

三、裤装前片细节绘制

选择工具箱中的【钢笔工具】，绘制裤兜。在控制栏里，设置描边粗细为2pt，绘制出裤装腰襻与腰带。再在控制栏里，设置描边粗细为1pt，选择变量宽度配置文件（图2-17），绘制出裤装褶皱线。最终绘制出裤装前片（图2-18）。

图2-17 裤子细节描边设置

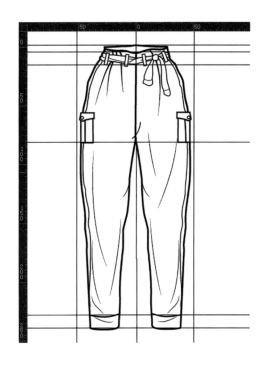

图2-18　裤装前片

四、裤装后片绘制

　　选择工具箱中的【选择工具】，框选裤装前片，通过编辑菜单中的"复制-粘贴"命令，复制出一裤片。再选择工具箱中的【选择工具】，选择多余部位按"Delete"键进行删除，重新绘制出裤装后片贴袋，裤装后片绘制完成（图2-19）。

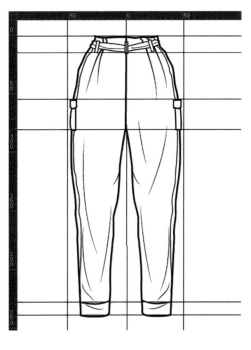

图2-19　裤装后片

五、其他裤装款式案例

其他裤装款式优秀案例见图2-20。

图2-20 其他裤装款式

第三节 T恤款式

T恤一般采用针织面料，款式以罩衫为主，因采用的针织面料具有较好的柔软性和弹性，穿着舒适，常常应用在女性春夏休闲外衣或者作为打底装搭配外套，成为女性重要的服装。本节T恤款式最终效果如图2-21所示。

正面 背面

图2-21　T恤款式

一、辅助线设置

依据前述方法，在编辑区，按照1∶5的比例，依据T恤相关数据进行辅助线的设置（图2-22）。

二、T恤廓形绘制

参照辅助线，选择工具箱中的【钢笔工具】，在控制栏里，设置描边粗细为4pt，描边色为黑色，参照辅助线绘制出T恤的基本廓形，再选择工具箱中的【直接选择工具】，调整锚点以及手柄，绘制出T恤廓形（图2-23）。

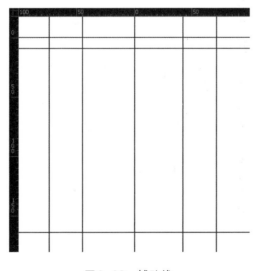

图2-22　辅助线

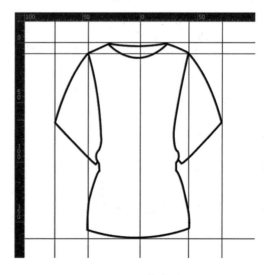

图2-23　T恤廓形

第二章　Illustrator 服装款式表现

三、T恤细节绘制

用【钢笔工具】，设置描边相关数值，粗细为2pt，虚线为4pt，间隙为2pt，进行车缝辑线的绘制。再用【钢笔工具】，设置描边粗细为2pt，进行褶皱的绘制（图2-24）。

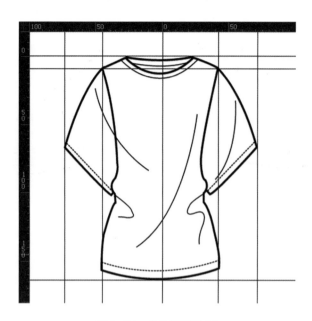

图2-24　T恤细节绘制

四、图案绘制

在菜单栏中执行"文件-置入"命令，将JPG格式的图案置入到编辑区中（图2-25），并调整图片的大小，利用【选择工具】将图案拖入到T恤中的合适位置（图2-26）。

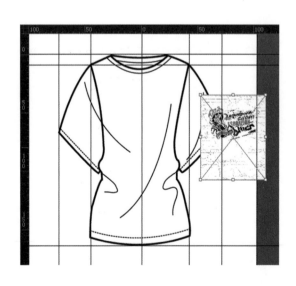

图2-25　T恤图案置入　　　　　　　　　　图2-26　T恤图案位置调整

单击工具箱中【选择工具】，选择刚置入的图案，在菜单栏中执行"窗口-透明度"命令，打开【透明度】面板，选择其中的"正片叠底"选项（图2-27），最终得到和T恤融合在一起的图案效果（图2-28）。

图2-27 【透明度】面板　　　　　　　　　　图2-28 图案效果

五、后片绘制

在T恤前片的基础上，选择【选择工具】，框选住T恤前片图案、领口、褶皱线等细节，然后按"Delete"键删除，调整后领线，得到T恤后片效果（图2-29）。

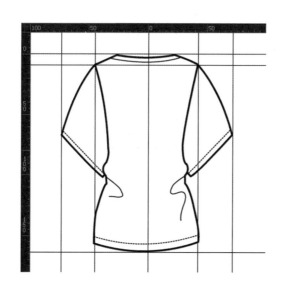

图2-29 T恤后片绘制

六、其他T恤款式案例

其他T恤款式优秀案例见图2-30。

图2-30　其他T恤款式

第四节　上衣款式

上衣种类较多，包括西装、衬衫、夹克、卫衣等，本节选择夹克进行绘制讲解。夹克相对较短、面料硬挺、穿着方便，具有宽松、舒适、粗犷的风格，常用于休闲场合。夹克绘制款式最终效果如图2-31所示。

正面　　　　　　　　　　　　　　背面

图2-31　夹克款式

一、辅助线设置

依据夹克关键数据，在编辑区按照1∶5的比例（单位：cm），进行辅助线的设置（图2-32）。

二、夹克廓形绘制

选择工具箱中的【钢笔工具】，在控制栏里，设置描边粗细为4pt，描边色为黑色，参照辅助线绘制出夹克廓形（图2-33）。

再用【钢笔工具】，设置相关描边数值，粗细为1.5pt，虚线为4pt，间隙为2pt（图2-34），进行车缝辑线的绘制（图2-35）。

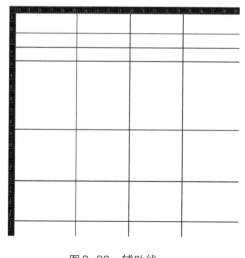

图2-32　辅助线

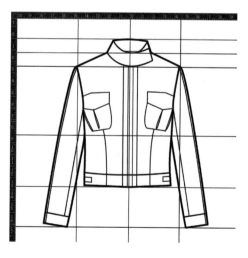

图2-33　夹克廓形

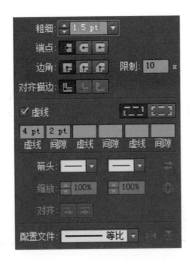

图2-34　车缝辑线设置

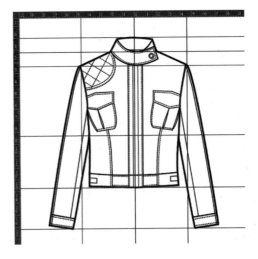

图2-35　车缝辑线绘制

三、拉链绘制

　　选择工具箱中的【矩形工具】■与【椭圆工具】●，描边粗细设置为6pt，绘制出两个矩形与一个椭圆（图2-36），将其叠加在一起（图2-37）。选择工具箱中的【选择工具】▶，同时框选住叠加在一起的矩形与椭圆。打开【对齐】面板，执行"垂直居中对齐"按钮（图2-38），最后再打开【路径查找器】面板（图2-39），单击"形状模式"中的"联集"按钮，得到最终效果（图2-40）。

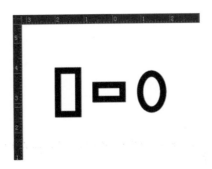

图2-36　矩形与椭圆形

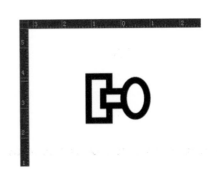

图2-37　形状叠加

图2-38　垂直居中对齐

图2-39　【路径查找器】面板

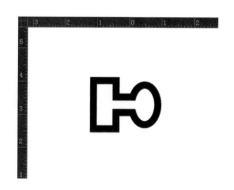

图2-40　联集效果

选择工具箱中的【选择工具】，将以上联集效果图形直接拖入【画笔】面板中以新建画笔（图2-41）。然后用【钢笔工具】沿着夹克门襟画一条垂线（图2-42），使用【选择工具】选中垂线路径，单击【画笔】面板中新拖入的画笔，得到如图2-43效果。单击【画笔】面板中右上角的小三角形，弹出菜单，选择"所选对象的选项"（图2-44），弹出"描边选项"对话框，进行相关数值设置（图2-45），最终得到如图2-46所示的拉链密齿效果。

图2-41　新建画笔

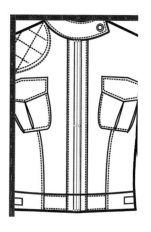

图2-42　拉链路径

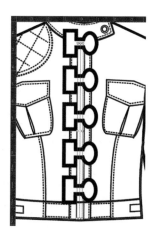

图2-43　新画笔效果

图2-44　所选对象的选项　　　　　　　　　　　图2-45　描边选项设置

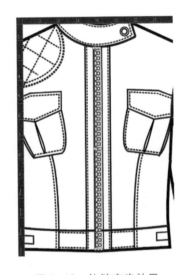

图2-46　拉链密齿效果

复制并粘贴一条新拉链密齿，用【选择工具】 选中新拉链密齿（图2-47），打开其"描边选项"对话框，将选项"旋转"设置成180度（图2-48），再将新拉链密齿移动与原拉链密齿进行咬合，得到如图2-49所示的效果。

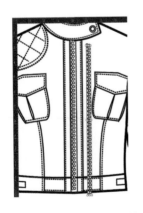

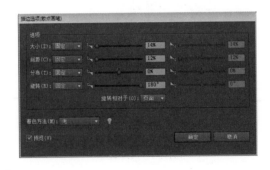

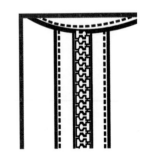

图2-47　选择复制拉链　　　　图2-48　描边选项设置　　　　图2-49　拉链齿咬合

选择工具箱中的【钢笔工具】🖋与【矩形工具】■，绘制如图2-50所示的效果。再使用鼠标左键常按【矩形工具】■，弹出下拉工具组（图2-51），选中【圆角矩形工具】，绘制如图2-52所示的效果，同时选中三个圆角矩形，打开【路径查找器】面板，单击"形状模式"中的"差集"按钮（图2-53）。最后将前面绘制的几个图形叠放在一起，打开【对齐】面板，执行"水平居中对齐"按钮（图2-54），得到如图2-55所示的拉链头。再用【选择工具】▨选中拉柄进行一定角度的旋转，得到如图2-56所示的效果。

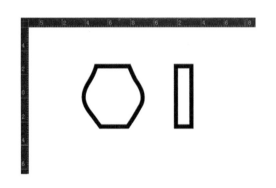

图2-50　图形绘制

图2-51　圆角矩形工具

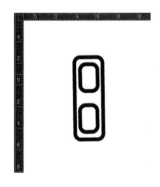

图2-52　圆角矩形绘制

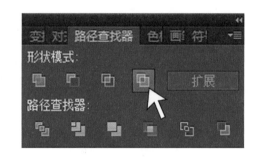

图2-53　差集命令

图2-54　水平居中对齐命令

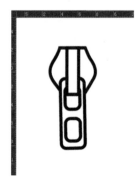

图2-55　拉链头效果

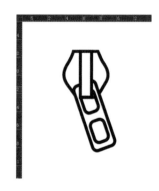

图2-56　旋转拉柄

全选拉链头进行编组，将其置于夹克门襟处（图2-57），最终完成拉链夹克的正面绘制（图2-58）。

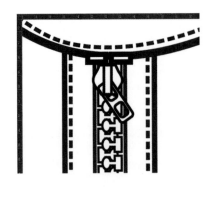

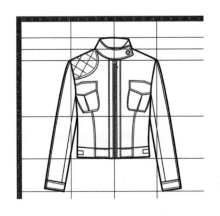

图2-57　拉链头置于门襟　　　　　　图2-58　最终正面款式效果

四、夹克后片绘制

将夹克前片执行菜单栏中"文件-存储为"命令，保存夹克前片。然后在夹克前片的基础上，选择【选择工具】，框选住夹克前片的领子、门襟、口袋、车缝辑线等细节，然后删除，得到夹克后片的基本廓形。选择【钢笔工具】，设置描边粗细为3pt，进行背部领座、拼缝线、后中线等绘制，夹克后片即绘制完成（图2-59）。

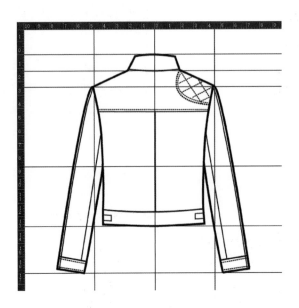

图2-59　夹克后片

五、其他上装款式案例

其他上装款式优秀案例见图2-60。

图 2-60　其他上装款式

第五节　大衣款式

大衣包括风衣、长款棉服、长款羽绒服等款式，主要为冬季保暖服装，本节选取长款带裘毛领棉服进行绘制，通过此案例的详细解析，主要掌握仿裘毛领和罗纹下摆的绘制方法。长款棉服款式最终效果如图 2-61 所示。

第二章 Illustrator 服装款式表现

033

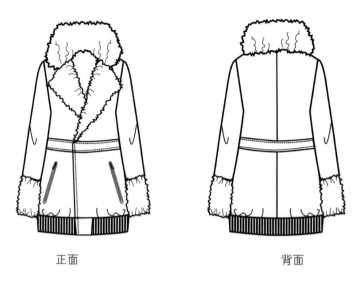

正面　　　　　　　　　背面

图2-61　长款棉服

一、辅助线设置

依据裘毛领棉服关键数据，在编辑区，按照 1 ：5 的比例（单位：cm），进行辅助线的设置（图2-62）。

二、长款棉服廓形绘制

选择工具箱中的【钢笔工具】，在控制栏里，设置描边粗细为4pt，描边色为黑色，参照辅助线绘制出棉服廓型，其中翻领和袖口设置描边粗细为3pt（图2-63）。

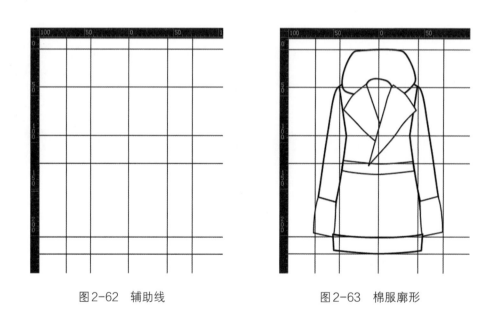

图2-62　辅助线　　　　　　　　图2-63　棉服廓形

三、毛领细节绘制

选择工具箱中的【选择工具】，选中毛领部分（图2-64），执行菜单栏中的"效果-扭曲与变换-粗糙化"命令，弹出对话框进行数值设置（图2-65），即得到粗糙化后的毛领效果（图2-66），用同样的方法对袖口进行粗糙化处理（图2-67）。

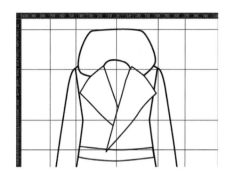

图2-64　毛领原形

图2-65　粗糙化

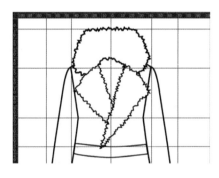

图2-66　毛领粗糙化效果

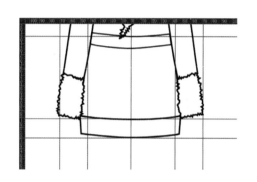

图2-67　袖口粗糙化效果

四、罗纹下摆绘制

使用工具箱中【钢笔工具】 ，在控制栏设置描边粗细为4pt，在下摆处绘制一直线（图2-68）。

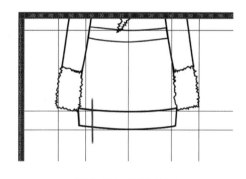

图2-68　直线绘制

单击工具箱中【选择工具】 ，选择刚绘制的直线，将其直接拖入【画笔面板】中（图2-69），弹出"新建画笔"对话框（图2-70），选择"散点画笔"后单击确定，弹出"散点画笔选项"对话框，点击确定即新建完画笔。

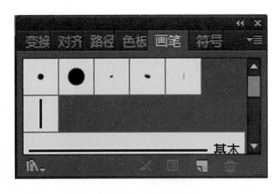

图2-69　拖入画笔面板　　　　　　　　图2-70　新建画笔

使用【钢笔工具】，在下摆绘制一条路径（图2-71），选中路径的同时，单击【画笔】面板中上一步骤所新建的画笔，得到如图2-72所示的效果。单击面板下端中的【所选对象的选项】，弹出"描边选项（散点画笔）"对话框（图2-73），按图中参数进行设置，注意对话框中的"旋转相对于"应选择"路径"选项，确定后最终生成密集直线（图2-74）。

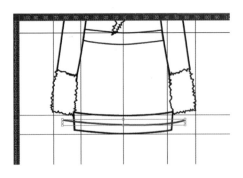

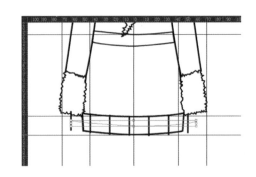

图2-71　路径绘制　　　　　　　　　　图2-72　新建画笔效果

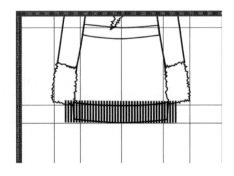

图2-73　散点画笔选项　　　　　　　　图2-74　密集直线效果

使用工具箱中的【选择工具】，选中位于密集直线底部的下摆，在菜单栏中执行"复制-粘贴"命令，将复制出的下摆移动至密集直线上部，与原下摆位置重合（图2-75），再使用【选择工具】，按住【Shift】键加选散点画笔路径，执行菜单栏中的"对象-剪切蒙版-建立"命令，得到最终的罗纹下摆（图2-76）。最后再利用【钢笔工具】与"填色"命令绘制出门襟下摆部位的细节（图2-77）。

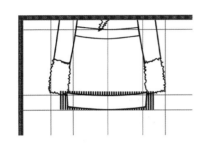

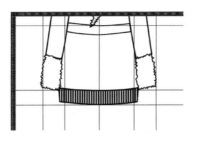

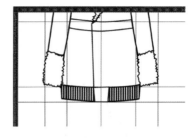

图2-75　下摆复制　　　　　　　　　图2-76　罗纹下摆　　　　　　　　　图2-77　下摆细节

五、长款棉服细节绘制

选择工具箱中的【钢笔工具】，在控制栏里，设置描边粗细为2pt，描边色为黑色，绘制出袖肘与下摆部位的皱褶。

再次选择工具箱中的【钢笔工具】，在控制栏里，设置描边粗细为1pt，描边色为黑色，绘制出毛领、袖口部位的皱褶。

再用【钢笔工具】，设置相关描边数值，粗细为2pt，虚线为4pt，间隙为2pt，进行车缝辑线的绘制。

最后选择工具箱中的【钢笔工具】，在控制栏里，设置描边粗细为1pt，描边色为黑色，绘制出口袋部位。最终完成毛领棉服款式的前片绘制（图2-78）。

六、后片绘制

将棉服前片执行菜单栏中"文件-存储为"命令，保存前片。然后在棉服前片的基础上，选择【选择工具】，框选住前片的领子、口袋等细节并删除，保留下摆、腰带、袖口等细节，将后片裘毛领形状进行调整，棉服后片绘制完成（图2-79）。

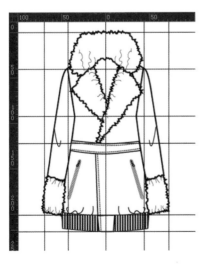

图2-78　棉服前片款式效果　　　　　　　图2-79　后片绘制

七、其他大衣款式案例

其他大衣款式优秀案例见图2-80。

图2-80　其他大衣款式

第二章　Illustrator 服装面料表现

服装面料是服装设计的重要表现元素，服装的色彩、图案、材质、肌理等都依托于面料，利用Illustrator软件，能方便、高效地进行面料的表现，以下选取5种较为典型的面料表现技法进行讲解。

第一节　印花衬衫面料

此款衬衫为印花拼贴式衬衫（图3-1），通过此案例的详细解析，能掌握通过工具箱中的【实时上色工具】进行色彩与面料填充的快捷、简便的方法。

图3-1　印花衬衫

一、辅助线设置

依据印花衬衫的关键数据，在编辑区，按照1∶5的比例（单位：cm），进行辅助线的设置（图3-2）。

二、衬衫款式绘制

单击工具箱中的【钢笔工具】，在控制栏里，设置描边粗细为4pt，描边色为黑色，参照辅助线绘制出衬衫廓形（如图3-3）。

　　用【钢笔工具】✐，设置描边相关数值，粗细为1.5pt，虚线为4pt，间隙为2pt，进行车缝辑线的绘制。再用【椭圆工具】，设置描边粗细为1pt，绘制纽扣单元，并复制粘贴，完成纽扣等细节绘制（图3-4）。

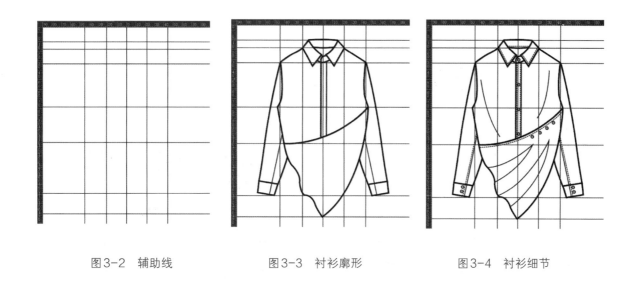

图3-2　辅助线　　　　　　　　图3-3　衬衫廓形　　　　　　　图3-4　衬衫细节

三、颜色填充

　　选择工具箱中的【选择工具】▶，将衬衫款式的所有路径框选，然后将鼠标移至工具箱中的【形状生成器工具】🔩，长按鼠标左键不放，弹出工具组，选择其中【实时上色工具】🖌，然后双击工具箱的【填色】，弹出【拾色器】面板，对填充色进行设置（图3-5）。

　　颜色设置完成后，将鼠标移动至需要填充的衬衫某一封闭区域内，单击鼠标，即完成颜色的填充，依次将该色彩填充到门襟、领子、袖口等部位（图3-6）。

图3-5　填充色设置

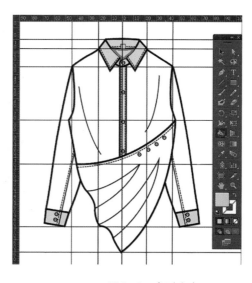

图3-6　实时上色

四、条纹面料填充

在菜单栏中，执行"文件-置入"命令，在弹出的置入对话框中，选择需要置入的条纹面料，点击置入按钮，将条纹面料置入（图3-7）。用【选择工具】选中置入的面料，然后点击控制栏中的【嵌入】按钮 嵌入 。最后，打开【色板】面板，用【选择工具】选中嵌入后的面料，直接将面料图片拖入【色板】面板中（图3-8），即可新建图案。

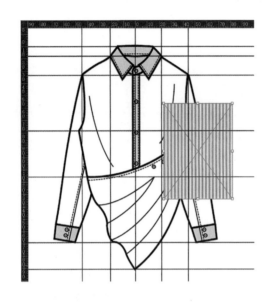

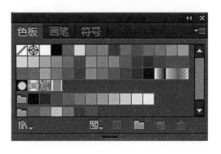

图3-7　面料置入　　　　　　　　　　图3-8　色板面板

与颜色填充方法一样，用工具箱中的【选择工具】，将衬衫款式的所有路径框选，然后选择工具箱中的【实时上色工具】后，再单击【色板】中新建的条纹图案。然后，将鼠标移动至需要填充面料的某一封闭区域内单击鼠标，即完成条纹面料的填充（图3-9）。

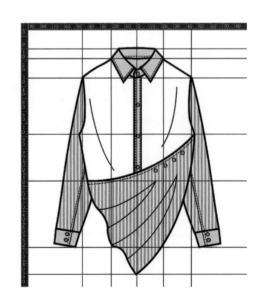

图3-9　面料填充

若要改变填充面料的方向，可以将鼠标移至面料上，单击鼠标右键，弹出下拉列表，执行"变换-旋转"命令（图3-10），根据设计效果的需要，对【旋转】面板中的相关数据进行设置（图3-11），注意其中的选项设置中只勾选"变换图案"一项即可，面料旋转即完成（图3-12）。

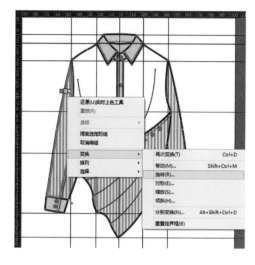

图3-10　面料旋转

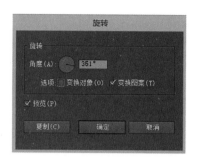

图3-11　面料旋转角度设置

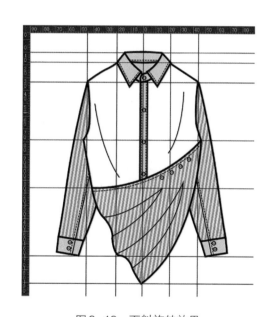

图3-12　面料旋转效果

五、印花面料填充

用前述同样方法填充印花面料，在菜单栏中，执行"文件-置入"命令，在弹出的置入对话框中，选择需要置入的印花面料，点击置入按钮，将印花面料置入（图3-13）。用实时上色工具将印花面料填充后，若要改变填充面料图案的大小，可以将鼠标移至面料之上，单击鼠标右键，弹出下拉列表，执行"变换-缩放"命令，根据设计效果的需要，对【缩放】面板中的相关数据进行设置，完成面料缩放后的最终效果（图3-14）。

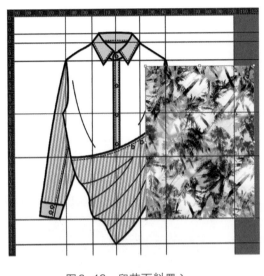

图 3-13　印花面料置入

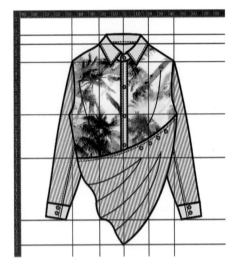

图 3-14　最终效果

第二节　水洗牛仔面料

　　此款裤装为廓形呈现喇叭状、面料经过水洗效果处理的牛仔裤（图3-15），通过此案例的详细解析，主要掌握牛仔水洗面料效果制作的具体方法。

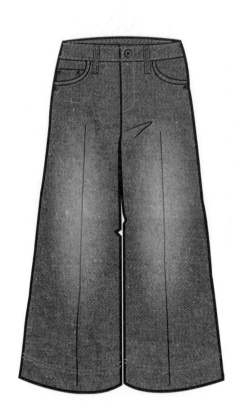

图 3-15　牛仔裤

一、牛仔裤款式绘制

依据前述方法，在设置的辅助线（图3-16）基础上进行牛仔裤廓形绘制，牛仔裤车缝辑线描边如图3-17设置，最终得到牛仔款式（图3-18）。需要注意的是，因考虑到将对牛仔裤进行面料的填充，所以牛仔裤廓型需绘制为闭合路径。

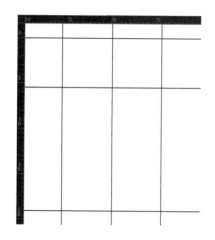

图3-16　辅助线

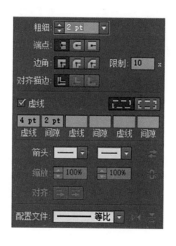

图3-17　描边设置

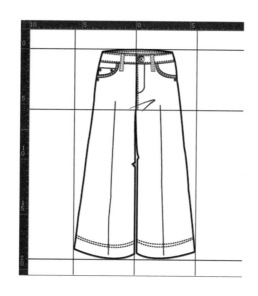

图3-18　牛仔裤款式

二、牛仔面料填充

在菜单栏中，执行"文件-置入"命令，在弹出的置入对话框中，选择需要置入的牛仔面料，点击置入按钮，将牛仔面料置入（图3-19）。用【选择工具】选中置入的面料，然后点击控制栏中的【嵌入】按钮 嵌入 。最后，打开【色板】面板，用【选择工具】选中嵌入后的面料，直接将面料图片拖入【色板】面板中，即可新建牛仔面料图案。

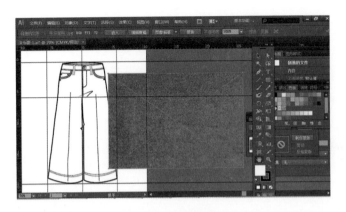

图3-19　面料置入

　　此时可将编辑区中的牛仔面料删除，用工具箱中的【选择工具】 ，选中牛仔裤款式的廓型闭合路径，再单击【色板】中新建的"牛仔面料"，牛仔面料即填充进牛仔款式廓型中（图3-20）。

　　用工具箱中的【选择工具】 ，再次选中填充面料后的牛仔裤廓型闭合路径，执行菜单栏中的"对象-变换-缩放"命令。弹出"比例缩放"对话框，设置相关数值（图3-21），单击"确定"按钮，可将图案按比例进行缩放。

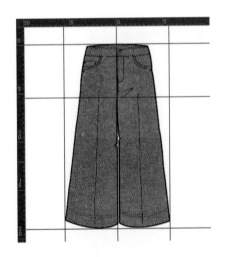

图3-20　面料填充

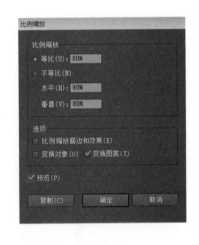

图3-21　"比例缩放"对话框

三、牛仔明线车缝与水洗效果绘制

　　按住shift键，用工具箱中的【选择工具】 ，复选牛仔裤上的车缝缉线，在控制栏或工具箱中，将描边颜色进行如图3-22所示设置，得到牛仔裤金色的明车缝线效果（图3-23）。

　　选择工具箱中的【椭圆工具】 ，并在控制栏或工具箱中设置"填色"为白色，"描边"为无，在左侧裤腿上绘制一个椭圆形（图3-24），在选中椭圆形的情况下，在菜单中执行"效果-风格化-羽化"命令，弹出"羽化"对话框，对羽化半径数值进行设置（图3-25），通过预览观察羽化效果，最终形成水洗效果（图3-26）。再对水洗效果执行复制与粘贴命令，将复制的水洗效果移至右裤腿，牛仔水洗效果绘制完成（图3-27）。

图3-22 描边面板

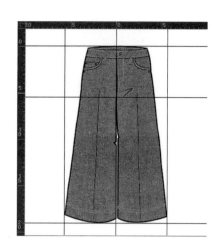

图3-23 车缝线色彩效果

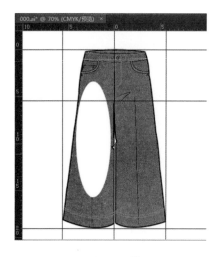

图3-24 椭圆形绘制

图3-25 羽化数值设置

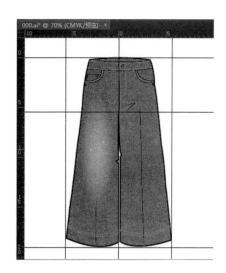

图3-26 水洗效果

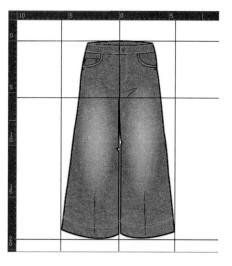

图3-27 最终效果

第三节　精纺呢大衣面料

图3-28的大衣为深咖色毛呢大衣，通过此案例的详细解析，主要掌握毛呢大衣面料的绘制方法。

一、辅助线设置

依据毛呢大衣关键数据，在编辑区，按照1∶5的比例（单位∶cm），进行辅助线的设置（图3-29）。

二、毛呢大衣廓形绘制

单击工具箱中的【钢笔工具】，在控制栏里，设置描边粗细为4pt，描边色为黑色，参照辅助线绘制出大衣廓型（图3-30）。

图3-28　毛呢大衣

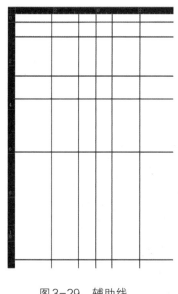

图3-29 辅助线

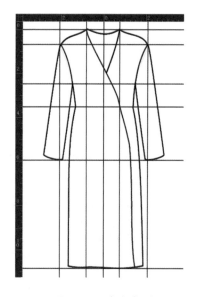

图3-30 大衣廓形

三、大衣面料绘制

在菜单栏中，执行"文件-置入"命令，在弹出的置入对话框中，选择需要置入的毛呢面料，点击置入按钮，将毛呢面料置入（图3-31）。用【选择工具】选中置入的面料，然后点击控制栏中的【嵌入】按钮 嵌入 。最后，打开【色板】面板，用【选择工具】选中嵌入后的面料，直接将面料图片拖入【色板】面板中，即可新建图案。

用工具箱中的【选择工具】，选中大衣款式的廓型闭合路径，再单击【色板】中刚刚新建的"毛呢面料"图案，面料即填充进大衣款式廓型中（图3-32），若要改变填充面料的图案大小，可以将鼠标移至面料之上，单击鼠标右键，弹出下拉列表，执行"变换-缩放"命令，根据设计效果的需要，对相关数据进行设置，将图案大小进行调整。

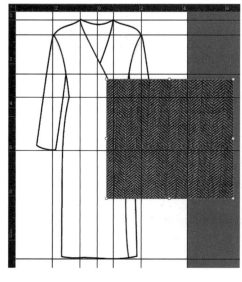

图3-31 面料置入

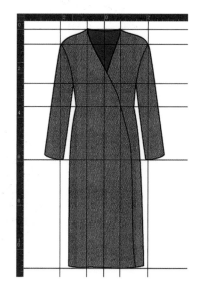

图3-32 面料填充效果

四、腰带绘制

用【钢笔工具】，粗细为2pt，在腰部进行皮带轮廓线的绘制。绘制完腰带的闭合轮廓线后，用工具箱中的【选择工具】，选中腰带，双击工具箱中的【渐变工具】，弹出【渐变面板】，在面板上，对渐变类型、渐变颜色等进行设置，最终得到皮带渐变效果（图3-33）。

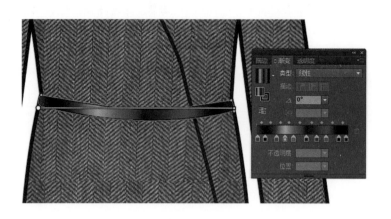

图3-33　渐变设置

用【钢笔工具】，粗细为0.5pt，在腰带上绘制出扣襻轮廓线（图3-34）。用工具箱中的【选择工具】，选中扣襻，双击工具箱中的【渐变工具】，弹出【渐变面板】，在面板上，对渐变类型、渐变颜色等进行设置（图3-35），最终得到扣襻渐变效果（图3-36）。

图3-34　皮带扣襻绘制

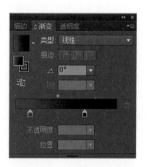

图3-35　扣襻渐变设置

图3-36　扣襻渐变效果

五、衣服阴影绘制

用【钢笔工具】，在控制栏中，对对象属性进行设置（图3-37），以类似设置的钢笔工具在大衣衣身上绘制出多处类似呢料光泽的效果，精纺呢大衣的最终效果绘制完成（图3-38）。

图3-37　属性设置

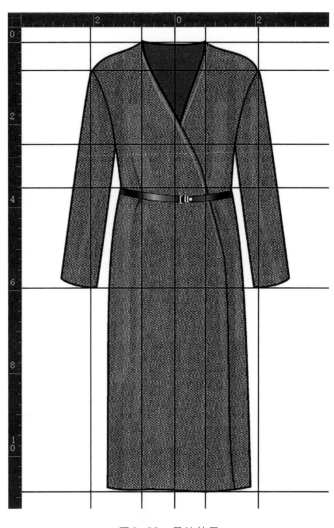

图3-38　最终效果

第四节　网纱礼服面料

此款服装为带网纱面料的白色晚礼服（图3-39），通过此案例的详细解析，主要掌握网纱类面料的绘制方法。

图3-39　网纱礼服

一、辅助线设置

　　依据网纱礼服的关键数据，在编辑区，按照1∶5的比例（单位：cm），进行辅助线的设置（图3-40），因礼服为白色，将背景从上到下设置为白色到浅灰色的渐变效果。

二、网纱礼服廓形绘制

　　单击工具箱中的【钢笔工具】 ，在控制栏里，设置描边粗细与描边色都为无，填充色为白色，参照辅助线绘制出礼服廓型，并将领部、袖子的局部填充色的透明度调整为75%（图3-41）。

图3-40　辅助线

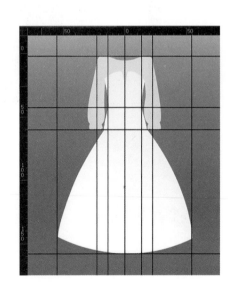

图3-41　礼服廓形颜色填充

三、裙身面料明暗效果绘制

用【钢笔工具】 ，在控制栏中，对对象属性进行设置（图3-42），以类似设置的钢笔工具在裙身上绘制出多处类似丝绸光泽与阴影的效果（图3-43）。

图3-42　属性设置

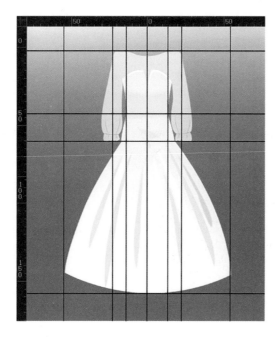

图3-43　裙身明暗效果

四、网纱面料绘制

用【钢笔工具】 ，在控制栏中，设置描边粗细为1pt，描边色为米白色，绘制出网纱面料的廓形（图3-44）。

在腰身处的网纱左边空白区域，用【钢笔工具】 ，描边粗细为1pt，描边色为米白色，绘制一条垂直线（图3-45）。用工具箱中的【选择工具】 ，选中垂直线，在菜单栏中执行"效果-扭曲和变换-波纹效果"，在弹出面板中进行如图3-46所示的设置，将直线变为波浪线。再将波浪线在菜单栏中执行"对象-扩展外观"（图3-47）。将扩展外观后的对象，在菜单栏中执行"对象-变换-对称"命名，弹出面板，选择其中的"垂直"属性后，点击面板中的"复制"按钮，即对称复制出一个新对象，再将复制的新对象，向右略微移动，形成网眼面料的基本单元（图3-48）。

用【选择工具】 框选网眼面料的基本单元，右键单击被框选对象后，在弹出的列表中，执行"编组"命令。编组后，将对象执行菜单栏中的"编辑-复制"命令后，再执行菜单中的"编辑-就地粘贴"命令。用工具箱中的【选择工具】 选中复制出的新对象，按住shift键的同时，水平拖动对象到腰身网纱的另一侧（图3-49）。

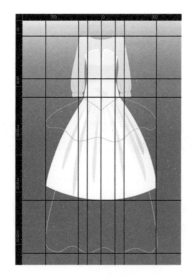

图3-44 网纱面料廓形

图3-45 绘制垂线

图3-46 波纹效果设置

图3-47 扩展外观设置

图3-48 网眼面料基本单元

图3-49 水平拖动基本单元

按住shift键，同时选中左右两侧的两个网眼的基本单元，执行菜单栏中的"对象-混合-建立"命令，得到网纱效果（图3-50）。最后，通过执行菜单栏中的"对象-混合-混合选项"，在弹出的混合选项面板中设置"指定步数""指定距离"，可对网纱图案的大小、疏密进行调整（图3-51）。

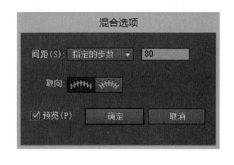

图3-50　网纱效果　　　　　　　　　　　图3-51　混合选项设置

用工具箱中的【选择工具】，选中建立的混合对象，按住shift键的同时，选中网纱面料的轮廓路径，再执行菜单栏中的"对象-剪切蒙版-建立"命令，得到最终的网纱面料效果（图3-52）。

用同样的方法，绘制出下摆处的网纱面料（图3-53）。用【钢笔工具】，描边粗细、描边色等属性如图3-54所示进行设置，绘制出网纱面料的阴影效果。如图3-55所示进行设置，绘制出网纱面料的光泽效果，最终网纱面料效果即绘制完成（图3-56）。

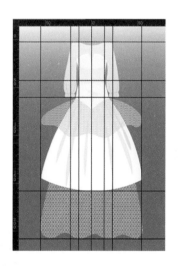

图3-52　网纱面料效果　　　　　　　　　图3-53　下摆网纱面料绘制

图3-54　网纱阴影绘制

图3-55　网纱光泽绘制

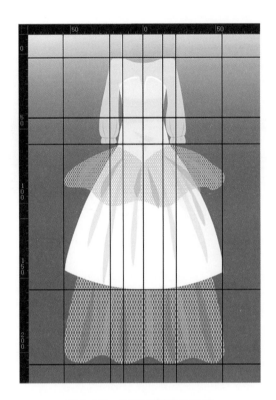

图3-56　网纱面料最终效果

五、花边绘制

　　新建一文档，选择工具箱中的【钢笔工具】，在控制栏里设置描边粗细为无，填充色为白色，在灰色区域进行蕾丝边基本单元的绘制（图3-57），蕾丝图案绘制完后，在菜单栏中，执行"文件－存储为"命令，将蕾丝图案保存为AI格式。

　　在绘制礼服的编辑区内，复制粘贴蕾丝图案在编辑区空白处，打开【画笔】面板，用【选择工具】选中蕾丝图案，直接将图案拖入【画笔】面板中，弹出【新建画笔】对话框，选择【散笔画笔】后，即新建画笔。

图3-57　蕾丝单元绘制

选择工具箱中的【钢笔工具】，在控制栏里，设置描边粗细为1pt，描边色为白色，在下摆处绘制一路径。路径绘制完成后，用【选择工具】选中路径，然后单击刚刚在【画笔】面板中新建的蕾丝画笔，蕾丝图案即显示在路径上（图3-58），打开【描边选项】对话框，对其中的相关数据进行设置（图3-59），即绘制出下摆处的蕾丝边效果（图3-60），用同样的方法完成领口、腰部的蕾丝边绘制，最终礼服裙效果如图3-61。

图3-58　蕾丝图案途径

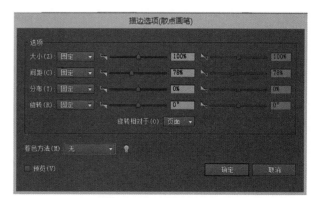

图3-59　描边选项设置

图3-60　蕾丝边效果

图3-61　网纱礼服最终效果

第五节　羽绒服面料

　　图3-62中的服装为带帽粉色羽绒服，通过此案例的详细解析，主要掌握利用工具箱中的【渐变工具】进行羽绒面料表现的手法。

图3-62　羽绒服

一、辅助线设置

依据羽绒服的关键数据，在编辑区，按照1∶5的比例（单位∶cm），进行辅助线的设置（图3-63）。

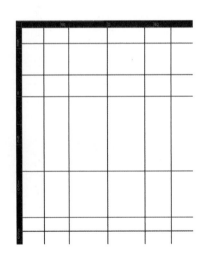

图3-63　辅助线

二、羽绒服款式绘制

单击工具箱中的【钢笔工具】 ，在控制栏里，设置描边粗细为1.5pt，描边色为灰色，不透明度80%，变量宽度配置文件如图3-64所示进行设置，可获得类似手绘笔迹效果，参照辅助线绘制出羽绒服廓形（图3-65）。

图 3-64　路径设置

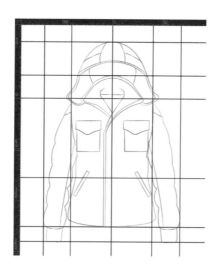

图 3-65　羽绒服廓形

　　用【钢笔工具】，设置描边相关数值，粗细为1.5pt，虚线为2pt，间隙为2pt（图3-66），进行车缝辑线的绘制。再用【椭圆工具】，设置描边粗细为1.5pt，绘制纽扣单元，并复制粘贴，完成纽扣等细节绘制（图3-67）。

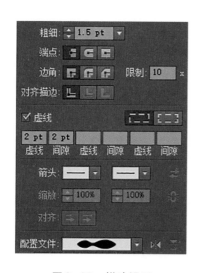

图 3-66　描边设置

图 3-67　羽绒服细节

三、颜色绘制

　　用【钢笔工具】，设置描边粗细与描边色都为无，根据袖子的廓型，绘制袖子的闭合路径。选择工具箱中的【选择工具】，选中刚绘制的袖子闭合路，然后双击工具箱中的【渐变工具】，将渐变面板中的类型、渐变颜色、透明度等属性进行设置（图3-68），其中颜色CMYK

值为0、66、54、0，完成袖子色彩肌理的绘制。用同样的方法完成羽绒服其他部位的颜色绘制（图3-69）。

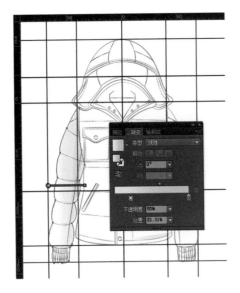

图3-68　颜色渐变设置

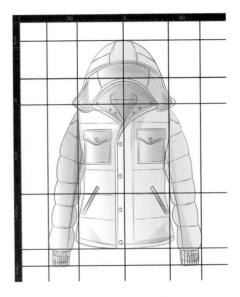

图3-69　颜色绘制效果

四、羽绒服面料阴影与光泽绘制

用【钢笔工具】，设置描边粗细与描边色都为无，在袖子处绘制面料的阴影区域。选择工具箱中的【选择工具】，选中刚绘制的阴影区域，然后双击工具箱中的【渐变工具】，将渐变面板中的类型、渐变颜色等属性进行设置（图3-70），完成袖子部分的阴影绘制。同样方法完成其他部位的阴影绘制。

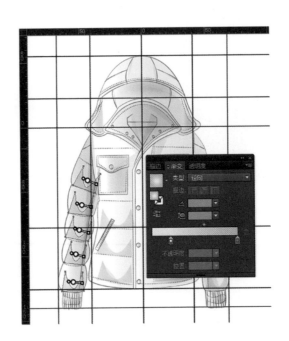

图3-70　袖子阴影绘制

用【钢笔工具】 ✎ ，设置描边粗细与描边色都为无，在帽领边缘、肩部、下摆等部位绘制阴影区域。选择工具箱中的【选择工具】 ▷ ，选中刚绘制的阴影区域，双击工具箱中的【填色】工具，弹出拾色器，对颜色进行设置（图3-71），填充进阴影区域，不透明度调整为30%（图3-72），即完成最终羽绒服效果的绘制（图3-73）。

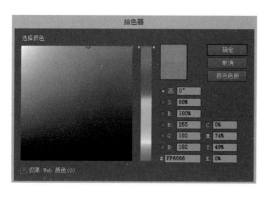

图3-71　颜色设置

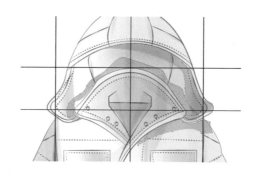

图3-72　阴影绘制

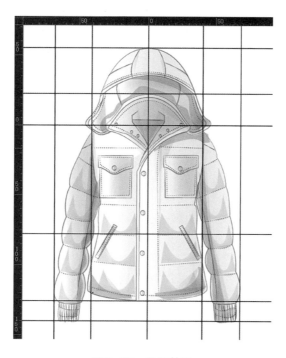

图3-73　最终效果

第六节　优秀案例精选

　　面料是服装设计表现的重要元素，包含颜色、图案、材质、肌理等多种要素，是Illustrator软件进行服装设计表现的重点和难点。熟练掌握Illustrator软件面料表现技法，能帮助设计师有效、快速、方便地实现设计想法。其他服装面料优秀案例如图3-74所示。

图3-74 优秀案例精选

Illustrator 服饰配件表现

第四章

服装配件是服装服饰的重要组成部分，种类繁多，有眼镜、项链、鞋靴、箱包、皮带、帽子、胸针、手链、耳环、发饰等，本书选取其中5类配件的Illustrator表现技法进行重点讲解。

第一节　眼镜

一、基本造型表现

　　选择工具箱中的【钢笔工具】，在控制栏里，设置描边粗细为1pt，描边色为黑色，绘制出眼镜的基本廓形，再选择工具箱中的【直接选择工具】，调整锚点以及手柄，绘制出比例准确、线条流畅的眼镜廓形（图4-1）。

　　用【选择工具】选中眼镜外部轮廓，在控制栏里，单击填色工具的下拉按钮，弹出【色板面板】，选中黑色，即完成眼镜主体的填色。同样方法用【选择工具】选中右侧耳柄外部轮廓，将此区域填充为灰色，完成眼镜的填色操作（图4-2）。

图4-1　基本廓形

图4-2　颜色填充

二、镜片渐变表现

　　选中镜片，双击工具箱中的【渐变工具】，弹出渐变面板，将面板中的类型设置为线型，角度设置为40度，并调整面板下方两边的渐变滑块颜色与位置（图4-3），得到镜片的渐变效果（图4-4）。同样方法得到另一镜片渐变效果（图4-5）。在左侧镜片的边缘区域绘制一个月牙形状（图4-6），同样进行渐变设置（图4-7），得到更为细致的镜片效果。

图4-3　渐变面板设置

图4-4　左侧镜片渐变效果

图4-5　右侧镜片渐变效果

图4-6　月牙区域渐变效果

图4-7　月牙区域渐变设置

三、细节表现

　　用【选择工具】选中眼镜右侧耳柄上的金属材质区域，在控制栏里，单击填色工具的下拉按钮，弹出【色板面板】，设置灰色，同样对金属材质边缘区域设置较深的灰色，即模拟出金属材质质感（图4-8）。

　　在眼镜底部绘出阴影形状，并填充为浅灰色，并执行菜单中的"效果-风格化-羽化"命令，得到阴影效果（图4-9）。最后再用纯白色在镜框顶部边缘表现出高光效果，眼镜即绘制完成（图4-10）。

图4-8金属材质

图4-9　阴影羽化效果

图4-10　最终效果

四、其他眼镜表现效果

　　其他眼镜表现效果优秀案例见图4-11。

图 4-11 其他眼镜表现效果

第二节 项链

一、珍珠项链绘制

1.基本造型表现

选择工具箱中的【钢笔工具】，在控制栏里，设置描边粗细为无，填充色为浅灰色，绘制出项链的基本廓形；再选择工具箱中的【直接选择工具】，调整锚点以及手柄，绘制出比例准确、线条流畅的项圈基本廓形（图4-12）。

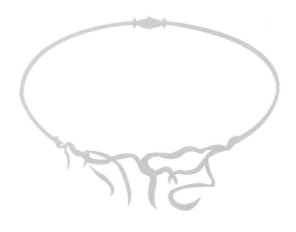

图 4-12 基本廓形

2.项链金属质感表现

选择工具箱中的【钢笔工具】，在控制栏里，设置描边颜色、粗细、变量宽度等属性（图4-13），绘制出项链金属材质阴影部分（图4-14）。同样的方法设置出金属材质高光部分的描边属性，绘制出金属材质的高光效果（图4-15）。选择金属项链局部小面积区域，双击工具箱中的【渐变工具】，弹出渐变面板，在渐变滑块区域双击鼠标，增加滑块，调整滑块颜色的深浅（图4-16），得到更为逼真的金属材质效果（图4-17）。

图4-13　描边设置

图4-14　金属材质阴影效果

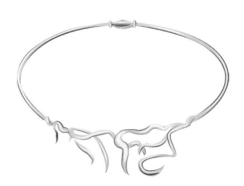

图4-15　金属材质高光效果

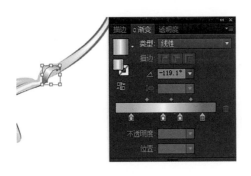

图4-16　渐变效果

图4-17　金属材质效果

3.珍珠阴影效果表现

选择工具箱中的【椭圆工具】，设置描边粗细为无，填充色为蓝灰色（CMYK分别为65、50、33、1），绘制一近似正圆形。然后选择圆形对象，再选择工具箱中的【网格工具】，将圆形区域网格化（图4-18）。再选择工具箱中的【套索工具】，画出球形的阴影区域（图4-19），双击工具箱中的【填色】，弹出拾色器（图4-20），选择比原来颜色稍深的颜色，得到球形的阴影效果（图4-21）。同样方法绘制出其他区域的阴影（图4-22）。

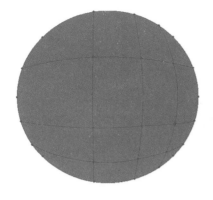
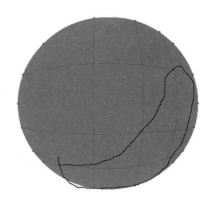

图4-18　网格效果　　　　　　　　图4-19　绘制阴影区域

图4-20　阴影颜色设置

图4-21　球形阴影效果　　　　　　图4-22　其他区域阴影效果

4.珍珠高光效果表现

　　选择工具箱中的【椭圆工具】⬭，设置描边粗细为无，填充色为黑色，绘制一椭圆，覆盖在球形区域上部，然后执行菜单栏中的"效果-风格化-羽化"命令，将黑色椭圆羽化（图4-23）。同样方法绘制浅蓝色较小椭圆，并羽化（图4-24）。最后再画3个不同大小的白色椭圆，执行羽化后，得到最终珍珠效果（图4-25）。

图4-23 羽化效果

图4-24 羽化命令

图4-25 珍珠效果

5.珍珠项链整体效果表现

　　将原来绘制的金属材质项链打开，新建一图层，将绘制的珍珠在新建图层上进行复制，并调整大小，安放在金属项链适当位置（图4-26），用同样的方法绘制其他颜色的珍珠，并摆放在项链适当的位置（图4-27）。最后在底层新建一图层，绘制项链底部阴影区域，用浅灰色填充，调整透明度，执行羽化后，得到最终的珍珠项链效果（图4-28）。

图4-26 珍珠摆放效果

图4-27 其他颜色珍珠效果

图 4-28 项链阴影效果

二、宝石项链绘制

1.链条基本单元绘制

选择工具箱中的【椭圆工具】 ，设置描边粗细、描边色、填充色相关属性后，绘制一大一小两个椭圆。选中两个椭圆，打开【对齐】面板，执行"水平居中对齐"和"垂直居中对齐"命令（图4-29）。再次选中两个椭圆后，打开【路径查找器】面板，执行"路径查找器-形状模式-减去顶层"命令（图4-30），得到圆环效果（图4-31）。复制出一个圆环，将两个圆环交叉，并执行"水平居中对齐"命令（图4-32）。然后绘制一个矩形，覆盖住圆环对称轴的一半区域（图4-33），执行"路径查找器-形状模式-减去顶层"，将两个圆环分别减去一半（图4-34）。

将圆环所在图层进行复制，得到两个图层（图4-35），将底层图层中的交叉圆环描边设置为无，填充色保留（图4-36），上层图层中的交叉圆环描边不变，填充色设置为无。锁定底层面板，用控制栏中的剪切工具（图4-37）将上层图层中交叉圆环的部分路径剪切删除，得到相互拧绞效果的链条基本单元（图4-38）。

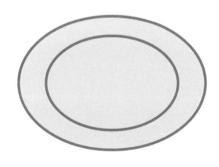

图 4-29 椭圆绘制

图 4-30 减去顶层

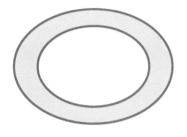

图4-31　圆环绘制

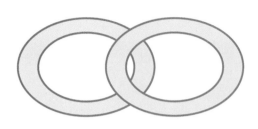

图4-32　两个圆环叠放

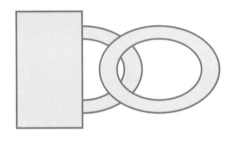

图4-33　剪切圆环

图4-34　剪切效果

图4-35　新建图层

图4-36　底层圆环描边设置

图4-37　圆环路径剪切

图4-38　链条基本单元效果

2.项链链圈绘制

将绘制好的链条基本单元编组后，拖到画笔面板中，弹出新建画笔对话框（图4-39），注意此处需选择图案画笔。然后用钢笔工具在编辑区绘制一项链链圈路径，选中路径同时，再单击画笔面板中刚新建的画笔，得到了项链链圈效果（图4-40）。单击画笔面板下部的"所选对象的选项"按钮，弹出对话框（图4-41），可以对项圈基本单元的大小、疏密等属性进行调整。

根据链圈大小、位置，用钢笔工具绘制链圈的接头（图4-42），并与链圈进行无缝对接（图4-43），链圈即绘制完成。

图4-39　新建画笔对话框

图4-40　链圈效果

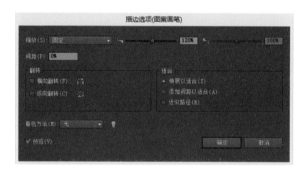

图4-41　描边选项对话框

图4-42　链圈接头绘制

图4-43　链圈衔接

3.宝石绘制

采用工具箱中的椭圆工具、圆角矩形工具等绘制出宝石的基本廓形，再利用不同明暗的色彩填充，以及透明度的设置，综合绘制出各类宝石的基本单元（图4-44）。然后将各类宝石进行排列组合，形成一个宝石挂坠（图4-45），将挂坠进行复制、旋转等操作后，安放在链圈适当位置，完成宝石项链最终效果（图4-46）。

图4-44　宝石基本单元绘制

图4-45　挂坠绘制

图4-46　宝石项链效果

三、其他项链表现效果

其他项链表现效果优秀案例见图4-47。

图 4-47 其他项链表现效果

第三节 鞋靴

一、基本造型表现

选择工具箱中的【钢笔工具】 ，在控制栏里，设置描边粗细为 1pt，描边色为黑色，绘制出鞋靴廓形；再选择工具箱中的【直接选择工具】 ，调整锚点以及手柄，绘制出比例准确、线条流畅的鞋靴基本廓形（图 4-48）。

用工具箱中【实时上色】 对鞋靴中的主要色块颜色进行填充，其中鞋靴前部区域采用金色渐变色进行渐变填充，完成鞋靴所有色块的填充（图 4-49）。

图 4-48　基本廓形

图 4-49　颜色填充

二、局部渐变表现

在鞋靴易形成光泽的地方绘制部分区域，以表现鞋靴的皮革材质。选中绘制区域，双击工具箱中的【渐变工具】▥，弹出渐变面板，增加并调整面板下方的渐变滑块位置和颜色（图4-50、图4-51），得到鞋靴的皮革材质效果（图4-52）。

图4-50　皮革渐变效果的绘制

图4-51　皮革渐变效果

图4-52　皮革材质的效果表现

三、局部细节表现

在鞋靴的鞋底面，用钢笔工具，描边色设置为深咖色，绘制一个路径，并对该路径进行描边设置（图4-53），得到鞋底面的车缝辑线效果（图4-54）。

绘制鞋靴金属纽襻，选择钢笔工具，描边色设置为浅咖色，绘制出纽襻的基本形状，在选中描边路径的同时，双击工具箱中的【渐变工具】▥，弹出渐变面板，增加并调整面板下方的渐变滑块位置和颜色（图4-55），以获得金属材质效果。最终完成的鞋靴效果如图4-56所示。

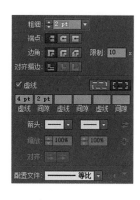

图 4-53　车缝辑线设置

图 4-54　鞋底面车缝辑线效果

图 4-55　金属纽襻绘制

图 4-56　鞋靴效果图

四、其他鞋靴表现效果

其他鞋靴表现效果优秀案例见图4-57。

图 4-57　其他鞋靴表现效果

第四节　箱包

一、基本造型表现

　　选择工具箱中的【钢笔工具】，在控制栏里，设置描边粗细为1pt，描边色为黑色，绘制出手提包的基本廓形；再选择工具箱中的【直接选择工具】，调整锚点以及手柄，绘制出比例准确、线条流畅的手提包基本廓形（图4-58）。

　　用【选择工具】分别选中手提包需填色的袋身、袋盖、袋柄区域，双击工具箱中的【填色】，弹出拾色器面板，设置所需颜色并进行填充，完成手提包三个区域的填色（图4-59）。

图4-58　基本廓形　　　　　　　　　　图4-59　颜色填充

二、高光与阴影的表现

　　用钢笔工具绘制出手提包手柄上的光泽区域，注意钢笔工具描边为无，填色为浅灰色，即得到高光效果。再用钢笔工具绘制出袋盖与袋身交接处的阴影区域，注意描边为无，填色为黑色，即得到阴影效果（图4-60）。

图4-60　高光与阴影效果

三、局部细节表现

用钢笔工具，对描边属性进行设置（图4-61），绘制出车缝辑线效果（图4-62）。再用钢笔工具在袋盖上绘制若干近似正方形区域（图4-63），并用不同明度、不同色彩进行填充，并在近似正方形的边缘增加明暗效果，增强立体感，完成手提包效果图（图4-64）。

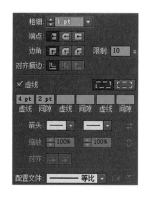

图4-61　描边设置

图4-62　车缝辑线效果

图4-63　若干正方形区域

图4-64　手提包最终效果

四、其他箱包表现效果

其他箱包表现效果优秀案例见图4-65。

图4-65　其他箱包表现效果

第五节　腰带

一、基本造型表现

　　选择工具箱中的【钢笔工具】，在控制栏里，设置描边粗细为1pt，描边色为黑色，绘制出腰带的基本形；再选择工具箱中的【直接选择工具】，调整锚点以及手柄，绘制出比例准确、线条流畅的腰带基本造型（图4-66）。

　　用【选择工具】选中钢笔工具绘制区域，双击工具箱中的【填色】，弹出拾色器面板，设置所需的颜色进行填充，即完成填色（图4-67）。

图4-66　基本造型　　　　　　　　　　　　图4-67　颜色填充

二、明暗效果表现

　　用钢笔工具绘制皮带边缘上的光泽区域，注意钢笔工具描边为无，填色为浅灰色，即得到高光效果；再用钢笔工具绘制出皮带背面的阴影区域，注意描边为无，填色为黑色，即得到阴影效果（图4-68）。

图4-68　皮带明暗效果

三、金属皮带扣表现

　　用钢笔工具绘制金属皮带扣造型，注意钢笔工具描边为无，填色为浅黄色（图4-69）；再用钢笔工具绘制出金属皮带扣的阴影区域，描边为无，填色为黑灰色，即完成金属皮带扣阴影效果（图4-70）。

图4-69　金属皮革扣形状　　　　　　　　　图4-70　金属皮革扣阴影

四、局部细节表现

使用钢笔工具，描边色设置为黑色，在皮带表面沿着边缘绘制一路径，并对该路径进行描边设置（图4-71），完成皮带面的车缝辑线效果，最终皮带效果如图4-72所示。

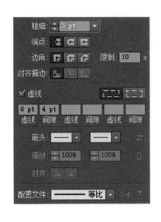

图4-71　车缝辑线描边设置

图4-72　皮带最终效果

五、其他腰带表现效果

其他腰带表现效果优秀案例见图4-73。

图4-73　其他腰带效果

第五章　Illustrator 服装人像表现

服装人像的绘制是为了更好地展现时装效果，好的人体形态和肖像表现能为时装效果增色不少，但表现重点仍应该侧重于时装效果，因此，在进行人像表现时可以将其简化，帮助设计师创作出风格鲜明的时装效果图。

第一节　人体

　　人体绘制首先要确定人体各部分的比例，普通人为7个半头身长，一般时装画人体比例以8头身、9头身居多。本书以8头身的比例为依据，绘制出的人体即可作为着装效果图的人体模板。

一、人体比例

　　单击工具箱中的【矩形工具】▣，在控制栏里，设置描边粗细为2pt，描边色为粉色（图5-1），绘制人体8等分比例图（图5-2），将人体从上到下，按照头顶、下巴、胸部、腰部、大腿根部、大腿中部、膝盖、小腿中部、脚踝进行分配，确保绘制出比例准确、结构严谨的人体。

图5-1　路径属性设置

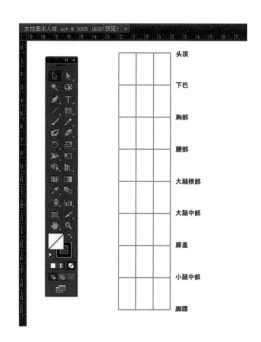

图5-2　人体比例

二、人体绘制

　　选择工具箱中的【钢笔工具】✐，在控制栏里，设置描边粗细为1pt（图5-3），设置描边色为深咖啡色（图5-4），设置填充色为肉粉色（图5-5），绘制出人体基本廓形；再选择工具箱中的【直接选择工具】，调整锚点以及手柄，绘制出准确的人体廓形（图5-6）。

图5-3　描边设置

图5-4　描边色设置

图5-5　填充色设置

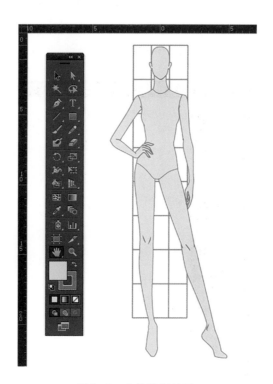

图5-6　人体绘制效果

三、常用人体姿态表现

　　在服装设计表现中，人体姿态以正面站立姿态为主，这样能充分展示服装的效果，服装人像的人体姿态不需要太复杂，有一定模式。掌握几类常用的人体姿态有助于帮助我们进行服装设计的表现。在进行人体各种姿态的绘制表现时，要注意人体重心的平衡，注意肩线、腰线、臀围线的运动规律和动态平衡（图5-7）。

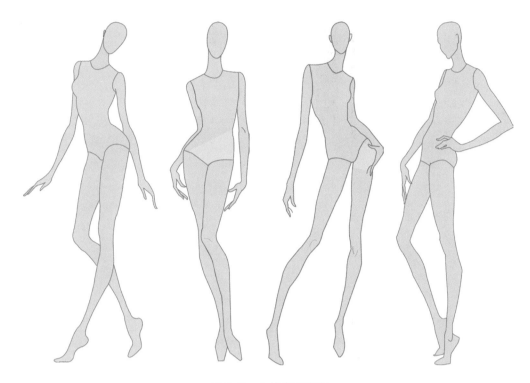

图5-7　人体常用姿态

第二节　脸型

在服装效果表现中，脸部的表现需要注意把握分寸。在通过脸部的表现为服装效果图增色的同时，又要注意不要让脸部的绘制表现争夺服装的注意力。在脸部表现时，可以尽量减少细节，更好地凸显服装设计的效果。

一、头部比例

人体头部有固定的比例，在这个比例的基础上可以略作调整，以获得个性化的头像。头部表现时要遵循的比例如"三停五眼"，"三停"指发际线到眉弓、眉弓到鼻尖、鼻尖到下巴距离相等，"五眼"指面部宽度相当于5个眼睛的宽度。眼睛位置位于头顶到下巴的中间。

单击工具箱中的【矩形工具】▣，在控制栏里，设置描边粗细为2pt，描边色为粉色（图5-8），绘制头部比例图（图5-9）。

图5-8　路径属性设置

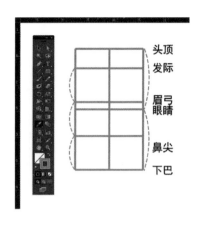

图5-9　头部比例

二、头部廓形绘制

选择工具箱中的【钢笔工具】，在控制栏里，设置描边粗细为1pt（图5-10），设置描边色为深咖啡色，设置填充色为肉粉色，绘制出头部初步的廓形；再选择工具箱中的【直接选择工具】 ，调整锚点以及手柄，绘制出准确的头部廓形（图5-11）。

选择工具箱中的【选择工具】 ，选中刚绘制的头部轮廓闭合路径，在控制栏里，设置描边粗细为0.75pt，变量宽度配置文件如图5-12所示进行设置，可获得类似手绘笔迹效果的头部轮廓线条（图5-13）。

图5-10　描边设置

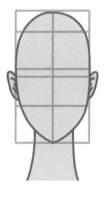

图5-11　头部廓形

图5-12　描边设置

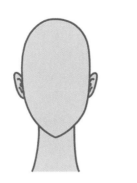

图5-13　轮廓线条形状调整

三、其他脸型

头部脸型多种多样，较常见的有鹅蛋脸、圆脸、长方脸、正方脸、由字脸、甲字脸、申字脸等（图5-14）。另外，随着角度的变化，脸部的五官和透视关系也会随之发生变化。绘制不同角度的脸型时，重点注意找准脸部纵向的中心线和五官横向的位置线（图5-15）。

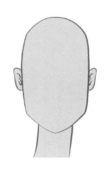

图5-14　不同脸型

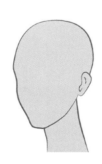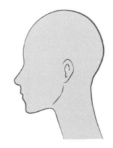

图5-15　不同角度的脸型

第三节　五官

五官主要指面部的眼睛、眉毛、鼻子、嘴巴、耳朵，绘制五官时，首先需要根据"三停五眼"等比例找准五官的位置。随着头部动态的变化，五官的位置和形状也会发生变化。在五官中，眼部和眉毛变化最丰富，最能反映模特精神面貌，是五官绘制中需重点刻画的部位。

一、脸部轮廓绘制

选择工具箱中的【钢笔工具】，在控制栏里，设置描边粗细为3pt，设置描边色为深咖啡色、填充色为肉粉色，变量宽度配置文件如图5-16所示进行设置，绘制出头部廓形（图5-17）。

二、眉毛绘制

用【钢笔工具】，设置描边粗细与描边色都为无，绘制出左边眉毛形状的闭合路径，选择工具箱中的【选择工具】，选中刚绘制的眉毛区域，然后双击工具箱中的【渐变工具】，对渐变面板中的类型、渐变颜色等属性进行设置（图5-18），完成眉毛绘制。用类似方法完成右边眉毛绘制。

图5-16 描边设置

图5-17 脸部廓形

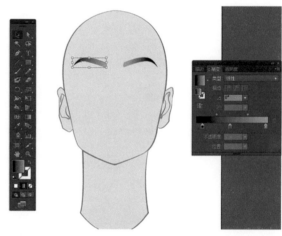

图5-18 眉毛绘制

三、眼睛绘制

用【钢笔工具】，设置描边粗细0.5pt，描边色为黑色（图5-19），绘制出眼睛形状。将眼珠和睫毛填充黑色，并在眼球上画上白色高光，即绘制完成眼睛效果（图5-20）。

图5-19 描边设置

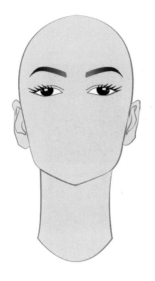

图5-20　眼睛绘制

四、鼻部绘制

用【钢笔工具】，设置描边粗细1pt，描边色为浅灰色（图5-21），绘制出鼻翼、鼻孔形状。将鼻孔进行由白色到黑色的渐变填充（图5-22），鼻子造型即绘制完成。

图5-21　描边设置

图5-22　鼻子绘制

用【钢笔工具】，设置描边粗细与描边色都为无，绘制出鼻子左边的阴影闭合路径，将闭合区域填充为浅黄色（图5-23），并将透明度调整为80%，完成鼻子绘制（图5-24）。

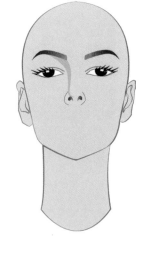

图5-23　阴影颜色设置　　　　　　　　　　　图5-24　鼻部效果

五、嘴部绘制

用【钢笔工具】，设置描边粗细1pt，描边色为黑色，绘制出嘴部、牙齿形状（图5-25），再将嘴部区域填充为红色，牙齿区域留白即可（图5-26）。

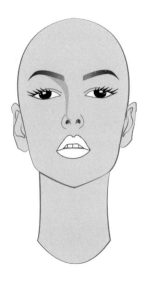

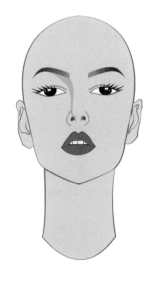

图5-25　嘴部轮廓　　　　　　　　　　图5-26　嘴部颜色

六、细节绘制

用【钢笔工具】，设置描边粗细与描边色都为无，绘制出眼睛眼影形状闭合路径。选择工具箱中的【选择工具】，选中刚绘制的眼影区域，然后双击工具箱中的【渐变工具】，设置渐变色由红色渐变至黄色（图5-27），并将眼影透明度调整为30%（图5-28）。最后，在下唇部画上白色高光，五官整体效果完成（图5-29）。

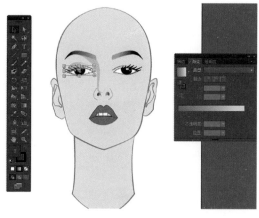

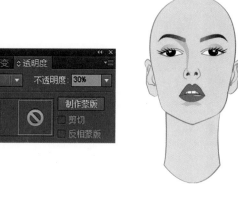

图 5-27　眼影渐变绘制　　　　　　图 5-28　眼影透明度设置　　图 5-29　五官整体效果

七、其他五官效果

　　五官是人像中最具特点、最有表现难度的部位。五官画好了，能为服装效果图增添点睛之笔。在五官绘制过程中，要根据不同的人种、角度、年龄、风格等的区别，进行不同五官的效果表现（图 5-30）。

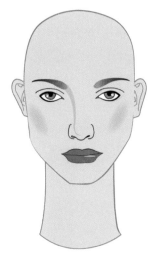
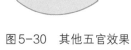
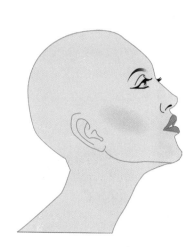

图 5-30　其他五官效果

第四节　发型

　　发型是人像效果的重要组成部分，绘制发型时要先勾画出头发的整体外部轮廓，并注意头发的高光部位，以使头发更具层次和立体感。最后，根据发型特征，选取重要部分进行深入塑造，使得发型更有质感。

一、发型廓形绘制

用【钢笔工具】 ，设置描边粗细与描边色都为无，绘制出头发轮廓闭合路径，并将闭合区域填充为暗红色（图5-31）。

图5-31　发型轮廓与颜色

二、发型阴影绘制

用【钢笔工具】 ，设置描边粗细与描边色都为无，在发型顶部区域绘制出发型形状闭合路径。选择工具箱中的【选择工具】 ，选中刚绘制的区域，然后双击工具箱中的【渐变工具】 ，设置渐变色由黑色渐变至深红色（图5-32）。用类似的方法设置颈后部头发区域的阴影（图5-33）。

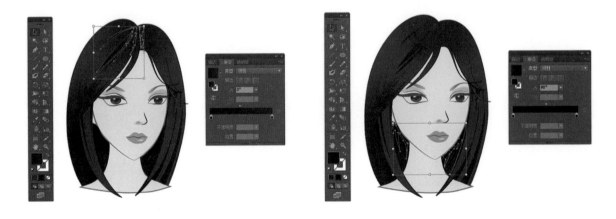

图5-32　发型顶部阴影　　　　　　　　　　　　　　图5-33　发型后部阴影

三、发型高光绘制

用【钢笔工具】 ，设置描边粗细与描边色都为无，在发型顶部区域绘制出光泽区域闭合路径。选择工具箱中的【选择工具】 ，选中刚绘制的区域，然后双击工具箱中的【渐变工具】 ，设置渐变色由浅咖色渐变至深咖色（图5-34）。再在刚绘制的高光区域，绘制较窄的区域，填充为浅咖色，用于加强高光效果（图5-35）。最终发型效果即绘制完成（图5-36）。

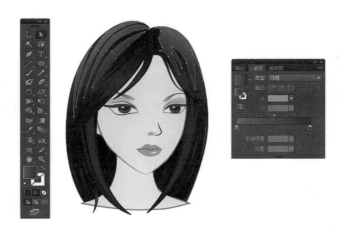

图5-34　发型光泽区域

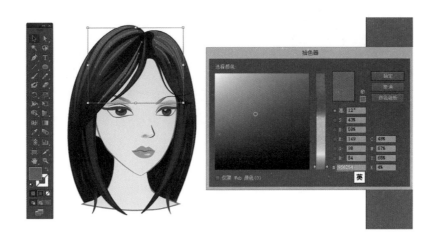

图5-35　发型高光区域

图5-36　发型最终效果

四、其他发型效果

发型种类丰富，根据不同的发色、长短、卷度、流向、厚度、盘发造型等特性，能绘制出多种多样的发型效果（图5-37）。需要根据具体的服装效果对发型进行有针对的选择。

图5-37　其他发型效果

Illustrator 服装效果图表现

第六章

服装效果图主要表现人体着装效果，是服装设计更为直观的表现，也是Illustrator服装表现技法的综合应用。通过本章的学习，将服装款式绘制、服装面料绘制、人像效果绘制等进行综合应用。本章选取3种较为典型的服装效果风格的表现技法作重点讲解。

第一节　写实类效果图

一、人体与款式表现

在新建文件中，将已经绘制好的人体（人体具体绘制方法见第五章第一节）复制粘贴到编辑区，根据效果图的需要选择合适的头像与人体拼合（图6-1）。最后，为了方便对图层进行编辑和管理，可将人体和头像所在图层名称更改为"人体"（具体图层名称更改方法见第一章第三节）。

在图层面板中新建一图层，并命名为"服装款式"，并将"人体"图层锁定。在"服装款式"图层上，选择工具箱中的【钢笔工具】，在控制栏里，设置描边粗细为1pt，描边色为黑色，绘制出服装的基本款式，再选择工具箱中的【直接选择工具】，调整锚点以及手柄，绘制出比例准确、线条流畅的服装款式（图6-2）。

图6-1　基本人体

图6-2　服装款式

二、面料填充表现

在菜单栏中，执行"文件‐置入"命令，在弹出的置入对话框中，选择需要置入的皮革面料，点击置入按钮，将面料置入（图6-3）。用【选择工具】选中置入的面料，然后点击控制栏中的【嵌入】按钮 嵌入 。最后，打开【色板】面板，用【选择工具】选中嵌入后的面料，直接将面料图片拖入【色板】面板中，即可新建图案。

用工具箱中的【选择工具】，将需填充皮革部分服装款式路径选中，选择工具箱中的【实时上色工具】后，单击【色板】中新建的皮革图案。然后，将鼠标移动至需要填充皮革面料区域上单击鼠标，即完成皮革面料的填充（图6-4）。若要改变填充面料的大小，可以将鼠标移至面料之上，单击鼠标右键，弹出下拉列表，执行"变换‐缩放"命令，根据设计效果的需要，对【缩放】面板中的相关数据进行设置。

选择【实时上色工具】，对需要进行填充的颜色进行设置，颜色设置完成后，将鼠标移动至需要填充的裙身、腰带区域上，单击鼠标，即完成颜色的填充（图6-5）。

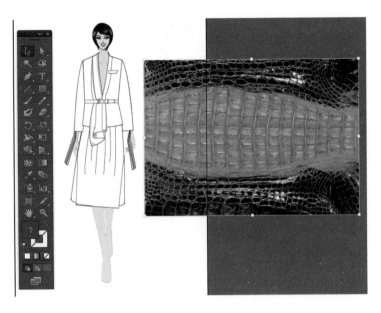

图6-3　面料置入

图6-4　皮革填充效果　　图6-5　颜色填充效果

三、明暗与细节表现

　　用【选择工具】 选中袖部区域，将袖部区域填色为黑色，透明度调整为15%，即完成袖部透明面料的绘制。

　　选择工具箱中的【钢笔工具】 ，在服装上绘制出需要表现阴影的区域，描边色为无，填色为黑色，然后将阴影区域的不透明度调至20%，即绘制出服装阴影效果。在衣身和裙身上绘制椭圆形，填色为白色，并执行编辑菜单中的"效果-风格化-羽化"命令，绘制出服装高光效果（图6-6）。

　　最后，用钢笔工具绘制出裙身的图案以及鞋靴效果，完成写实风格效果图的绘制（图6-7）。

图6-6　服装明暗效果

图6-7　写实风格最终效果

第二节　卡通类效果图

一、基本造型表现

　　选择工具箱中的【钢笔工具】 ，在控制栏里，设置描边粗细为1pt，描边色为黑色，绘制出人体与服装的基本形；再选择工具箱中的【直接选择工具】，调整锚点以及手柄，绘制出准确的人体与服装基本造型（图6-8）。选择工具箱中的【钢笔工具】，参照第五章第三节，绘制眉毛、眼镜、嘴唇、脸部阴影等，再综合应用渐变工具、不透明度调整等，绘制出五官效果（图6-9）。

图6-8　基本造型　　　　　　　　　　　　　　　图6-9　五官效果

二、面料表现

将所需面料素材置入，用【选择工具】选中置入的面料，然后点击控制栏中的【嵌入】按钮　嵌入　。选中嵌入后的面料，直接将面料图片拖入【色板】面板中，新建图案。用工具箱中的【选择工具】，将需填充面料部分服装区域路径选中，然后选择工具箱中的【实时上色工具】后，再单击【色板】中新建的图案。将鼠标移动至需要填充的面料区域内单击鼠标，即完成所需面料的填充（图6-10）。

在服装胸部区域，用钢笔工具绘制出黑色绸缎以及蝴蝶结装饰，填色为黑色，利用工具箱中的【渐变工具】，绘制出具有光泽的绸缎材质效果（图6-11）。

图6-10　面料填充

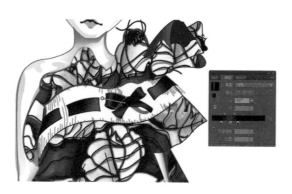

图6-11　装饰绸缎效果

三、头饰效果表现

　　选择工具箱中的【钢笔工具】，描边色为红棕色（CMYK：42、90、84、80），绘制出头发区域；再选择工具箱中的【画笔工具】，在控制栏里，设置描边粗细为1pt（图6-12），描边色设置为多个颜色，绘制若干圆点效果（图6-13），最终完成效果绘制（图6-14）。

图6-12　画笔工具设置

图6-13　头饰效果

图6-14　卡通风格最终效果

第三节　创意风格表现技法

一、基本造型表现

　　选择工具箱中的【钢笔工具】，在控制栏里，设置描边粗细为1pt，描边色为黑色（图6-15），利用不同的"变量宽度配置"绘制人物基本廓形（图6-16），

图6-15　钢笔工具设置

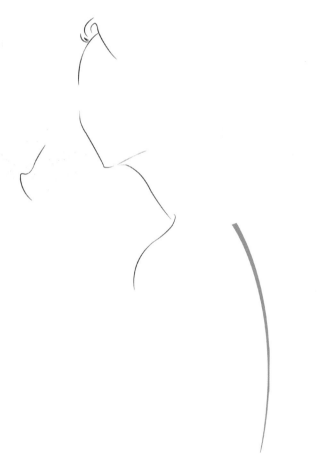

图6-16　人物基本廓形

二、头发特殊纹理表现

　　选择工具箱中的【画笔工具】，在控制栏里，设置描边粗细为1pt，画笔定义选择不同的纹理效果（图6-17），绘制出带有特殊纹理的发型廓形（图6-18）。再利用工具箱中的【钢笔工具】，沿着发型的特殊纹理勾勒出一封闭区域，填充为黑色（图6-19）。

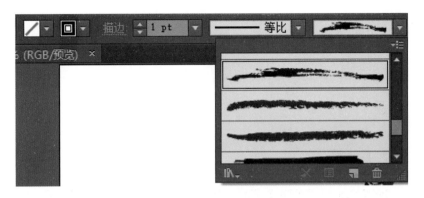

图6-17　画笔工具设置

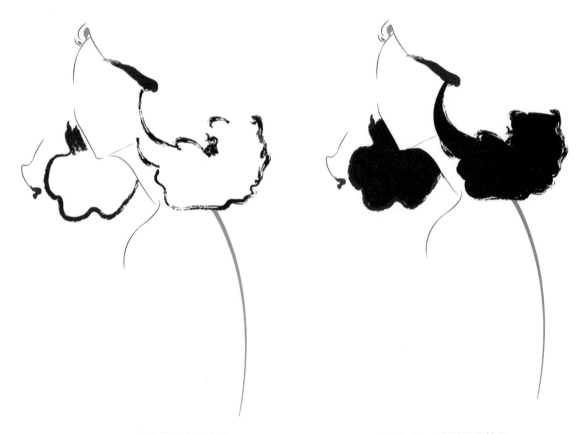

图6-18　特殊纹理发型廓形　　　　　　　　图6-19　发型最终效果

三、面部五官表现

选择工具箱中的【钢笔工具】，结合第五章第三节的内容，综合应用不同的填色、变量宽度配置等的设置，绘制眉毛、眼镜、嘴唇、眼睫毛等（图6-20）。再选择钢笔工具勾勒出面部的阴影和高光区域，阴影区域填色为粉色（CMYK：10、35、21、0），不透明度为50%。唇部高光区域填色为白色，执行菜单栏中的"效果-风格化-羽化"命令，最终绘制出面部的阴影和高光效果（图6-21）。最后再简单绘制背部的服装，得到最终效果（图6-22）。

图6-20 五官绘制

图6-21 面部阴影和高光绘制

图6-22 最终效果

第四节 优秀案例精选

其他服装效果图优秀案例见图6-23。

山水情

图6-23

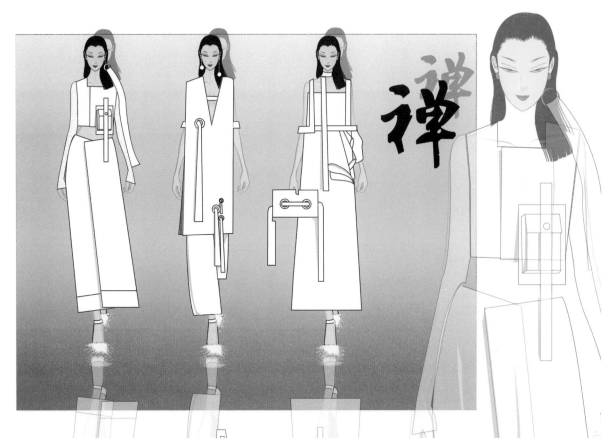

图6-23

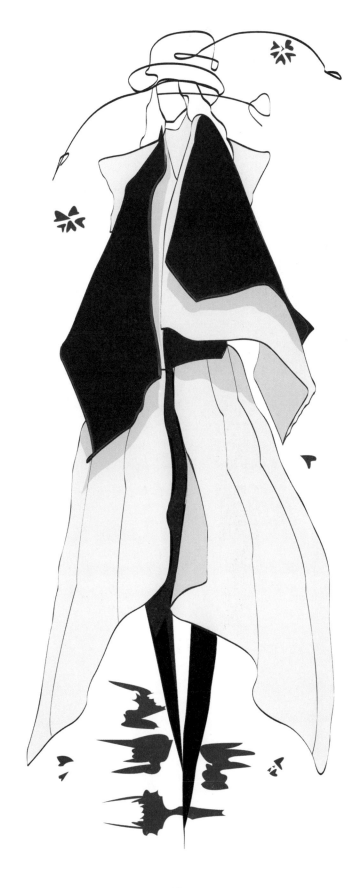

图6-23

图6-23

图6-23 优秀案例